FACHWISSEN FEUERWEHR

de Vries

FAHRZEUGBELADUNG

Ausbildung und Logistik

Bibliografische Informationen der deutschen Nationalbibliothek

Die Deutsche Nationalbibliothek verzeichnet diese Publikation in der Deutschen Nationalbibliografie; detaillierte bibliografische Daten sind im Internet über http://www.dnb.de abrufbar.

Bei der Herstellung des Werkes haben wir uns zukunftsbewusst für umweltverträgliche und wiederverwertbare Materialien entschieden. Der Inhalt ist auf chlorfrei gebleichtes Papier gedruckt.

Nachweis der Titelillustrationen: Dr.-Ing. Holger de Vries
Nachweis der Bilder im Innenteil: Dr.-Ing. Holger de Vries, wenn nicht anders angegeben

Art-Director und künstlerische Gesamtleitung: Dr.-Ing. Holger de Vries

ISBN 978-3-609-69402-3

E-Mail: kundenservice@ecomed-storck.de

Telefon: 089/2183–7922
Telefax: 089/2183–7620

www.ecomed-storck.de

Satz: Fotosatz Pfeifer, 82152 Krailling
Druck: Westermann Druck, Zwickau

Vorwort

Es gibt Bücher zu Einsatzfahrzeugen, es gibt Bücher zu technischem Gerät, es gibt Bücher zu Einsatzverfahren, es gibt Bücher zur Methodik der Ausbildung. Doch was ist der „Kitt", der die Zutaten einer guten Ausbildung zusammen hält? Der Verfasser hat noch ältere Kameraden erleben dürfen, die den flächendeckenden Beginn der Motorisierung in den 1930er- bis 1950er-Jahren miterlebt hatten und die über eine gute Kenntnis an „Feuerwehrfolklore" verfügten: Wie beschlagnahmte LFs den Alliierten wieder „abgeluchst" und in Scheunen versteckt wurden, eingefrorene Pumpen mit brennenden Öllappen aufgetaut wurden, nicht starten wollende Kraftfahrzeuge mit improvisiertem Pferdegespann zur Einsatzstelle oder auch nur zurück zur Wache geschleppt wurden. Man konnte noch deutlich unterscheiden, wo beim Fahrzeug vorne und wo hinten ist, Pumpen wurden nicht einbauküchengleich hinter „industriedesignten" Plastikformteilen versteckt und die Kabelbäume im Fahrzeug waren nicht dicker als die Pumpenverrohrung. Die Ausbildung, die diese Kameraden erfahren hatten, war krude, aber nachhaltig: „Ihre" FwDV 4 beherrschten sie im Schlaf, bei der Übersichtlichkeit an mitgeführtem Gerät war es nicht ganz so schwer wie heute, es auf dem Fahrzeug auch „zeitnah" (sprich: sofort!) zu finden. Und die Jungs hatten ihre Merksprüche, die sie gerne quer über den Hof erschallen ließen, wenn der Löschangriff der JF-Mitglieder wieder nach abstraktem Tanztheater aussah: „Was suchst Du denn – B-Schlauch? ‚B' wie Beifahrerseite!" – „Bei offener Wasserentnahmestelle nimmt der Schlauchtrupp immeeeer die C-Haspel mit zum Verteiler!" – „Hallo Melder? Weißt Du, wo Dein Gruppenführer ist? Aha, und warum hältst Du keine Tuchfühlung?" – „Und Du meinst wirklich, das Wasser würde gerade Dir den Gefallen tun und sich durch so eine verknotete Schlauchreserve arbeiten?" – „Bist Du Truppführer? Was willst Du dann mit dem CM-Rohr? ‚M' wie Mann" und dergleichen. Im Hinblick auf die begehrte Leistungsspange hat es sich gelohnt, sich den einen oder anderen Spruch zu merken und umzusetzen.

Aber diese Generation an Ausbildern gibt es nicht mehr. Mit ihnen sind die Geschichten verschwunden, mit denen sie uns erzählt und beigebracht haben, warum unsere Fahrzeuge heute letztendlich so aussehen, wie sie jetzt aussehen. Daher spannt diese Broschüre einen Bogen von der historischen und technischen Entwicklung der Löschfahrzeuge und der „Bedienungsanleitungen" zu ihrer Benutzung – den FwDV – bis zu modernen Fahrzeugen mit konkreten und anschaulichen Beispielen zur Organisation und Kennzeichnung ihrer Beladung und Vorschlägen für die fahrzeugspezifische Ausbildung. Dies betrifft gleichermaßen die Fahrzeuge aller Fachdienste des Katastrophenschutzes, des THW und der Hilfsorganisationen, egal ob Arzttruppwagen, Gerätewagen, Fernmelde- oder Wasserrettungsfahrzeug. Zu den gewählten Beispielen mit Fahrzeugen aus der Praxis gibt es darüber hinaus auch einige technische Hinweise zu deren Gestaltung. Dies geschieht vor dem Hintergrund, dass Benutzer und Beschaffer – je kleiner die Feuerwehr ist – ein und dieselben Personen sind. Besonders Feuerwehrfahrzeuge im deutschsprachigen Raum gehören zu den komplexesten Kraftfahrzeugen weltweit – und viele von ihnen sind Einzelanfertigungen. Es kommt zu schwer zu diagnostizierbaren Ausfällen von Komponenten wie Pumpen, Zumischeinrichtungen oder Leitern bzw. deren Ansteuerung. Doch eine Pumpe, die tatsächlich einfach nur Wasser fördert, ist besser als eine, die gerade nicht zuschaltbar ist, dafür aber im Betrieb jedes Wassermolekül mit Magnetresonanz nachmessen könnte.

Im Vergleich mit den Fahrzeugen anderer europäischer Länder fallen die Aufbauhöhe an sich und die „Dachbeladung" als zwei deutsche Besonderheiten auf. Das klassische deutsche (H)LF fährt unterbesetzt mit 4 bis 6 FA in den Einsatz. Dann braucht man die Geräte entweder schnell und entnahmegünstig – also im Aufbau – oder eben nicht. Eine Dachbeladung, welche durch auf dem Fahrzeugdach werkelnde FA (nachts, dunkel, Regen peitscht ins Gesicht…) aus Staukästen befreit, entnommen und abgeladen werden muss, ist schon aufgrund einer fehlenden Umwehrung bzw. Brüstung von 0,8 bzw. 1 m Höhe (Absturzhöhe deutlich > 1 m) unter arbeitssicherheitstechnischen Aspekten zu hinterfragen. Technische Lösungen (z.B. Entnahmehilfen für tragbare Leitern) sind bereits seit 30 Jahren Stand der Technik. Des Weiteren destabilisieren Dachbeladungen das gesamte Fahrzeug. Womit wir beim zweiten Punkt wären: Bei den aktuellen Fahrzeug- und Aufbauhöhen ist das im oberen Drittel der Fahrzeuge gelagerte Gerät vom Boden aus nicht zu erreichen. Statt das eigentliche Problem zu lösen, wird ein neues geschaffen: Auftritte. Sie verteuern den Aufbau und machen das Fahrzeug an der Einsatzstelle mindestens so breit wie in den 1960er-Jahren, als es noch nach oben öffnende Klapp- und Falttüren als Geräteraumverschlüsse gab – also eine echte „Nullrunde“. Es geht auch anders (siehe z.B. Abbildungen 14 und 61).

Der Verfasser dankt Thomas Böhme für die Beistellung der Daten zum StLF der FF Lippersdorf, den Kameraden der FF Stellingen und der FF Hooksiel, der Stützpunktfeuerwehr Aarau (CH) und allen, die das Erstellen der Fahrzeugbilder ermöglicht haben.

Hamburg, im November 2018 Dr.-Ing. Holger de Vries

Hinweis: Zur Vertiefung des Themas wird empfohlen: Cimolino/de Vries, Standard-Einsatz-Regeln: Einsatz von Löschgeräten, ecomed, Landsberg, 2005 und Cimolino/de Vries/Graeger/Lembeck, Standard-Einsatz-Regeln: Der Zug im Einsatz von Lösch- und Rettungsgeräten, ecomed, Landsberg, 2005

Inhalt

1 Einführung

Fahrzeugkunde umfasst die Ausbildung von Feuerwehrangehörigen (FA) in der Kenntnis der Lagerung, Entnahme und Benutzung der feuerwehrtechnischen Beladung von Feuerwehrfahrzeugen. Sie ist gleichzeitig eine Grundlage für die darüber hinausgehende Ausbildung, Einweisung oder Fortbildung der Maschinisten in der sachgerechten und sicheren Bedienung und Benutzung des Fahrgestells, des Aufbaus und insbesondere der Aggregate (Pumpen, Zumischanlage, Stromerzeuger, Seilwinden, Lichtmasten, Sprüh- und Streueinrichtungen etc.) und von Sonderfahrzeugen (DLK, TMF).

Abbildung 1 zeigt die Verteilung der Typen von Löschfahrzeugen und von Rüst- und Gerätewagen bei deutschen Feuerwehren 2014. Jüngere Leser mögen sich fragen, warum dort heute gebräuchliche Fahrzeugtypen wie TSF-W, StLF, MLF, LF 8/6, LF 10/6, (H)LF 10 nicht auftauchen. Dies liegt an der mehrfachen Überarbeitung der Fahrzeugnormen seit den 1980er-Jahren.

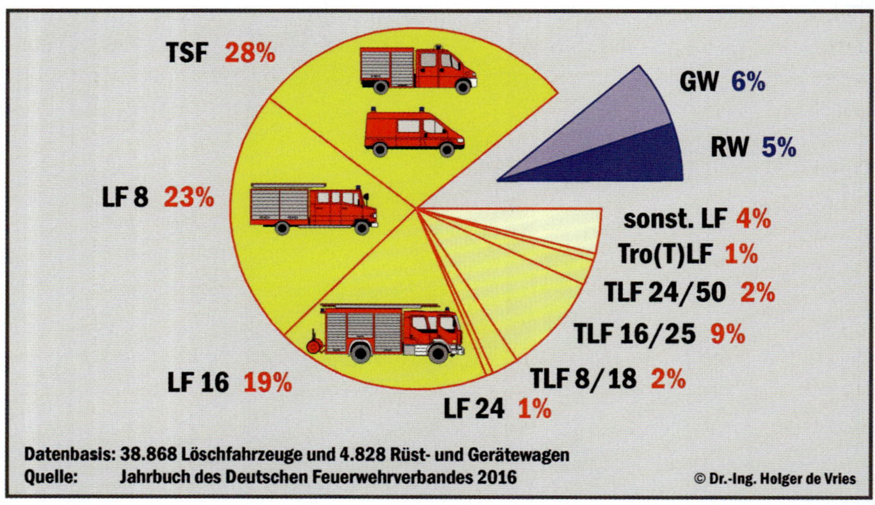

Abbildung 1: Verteilung der Typen von Löschfahrzeugen und von Rüst- und Gerätewagen bei deutschen Feuerwehren 2014

Dennoch reicht diese Auflösung aus, um den „pädagogischen Bedarf“ an Fahrzeugkundeausbildung abzuschätzen. Für die Grundlagen der Fahrzeugausbildung sei ein historischer Exkurs gestattet, ausführliche Darstellungen finden sich in [1; 2; 3]. Trotz der grundsätzlichen Normung von Feuerwehrfahrzeugen und deren Beladung ist an vielen Einsatzstellen „Feuerwehr-Memory“ zu beobachten – Einsatzkräfte hüpfen auf der Suche nach einem bestimmten Werkzeug von Geräteraum zu Geräteraum. Das nachfolgende Kapitel mag helfen zu verstehen, warum welche Geräte – für den Laien auf den ersten Blick eher unverständlich – wo auf den Fahrzeugen gelagert sind.

1.1 Entwicklung der Normung von Löschfahrzeugen und der Übungs- und Dienstvorschriften zu ihrer Benutzung

Seit den 1930er-Jahren wurde in Deutschland ein Konzept der engen Verzahnung von Technik und Taktik, von der Sitz- und Antreteordnung der Gruppe bis hin zur behinderungsfreien gleichzeitigen Entnahme der Geräte durch mehrere Feuerwehrangehörige an der „Truppführer-“ und „Truppmannseite“ der Löschgruppenfahrzeuge verfolgt. Basierend auf der Vorgehensweise der Berliner Feuerwehr wurde dies unter dem Begriff „Dreiteilung des Löschangriffs“ etabliert [4; 5]:

Die Definition der „Löschgruppe“, ihrer Mitglieder und deren Aufgaben („Funktionen“) sowie die Grundregeln für den Aufbau eines Löschangriffs wurden in der Polizeidienstvorschrift PDV 23 [6; zur damaligen Organisation der Feuerwehren siehe z.B. 7; 8; 9; 10; 11; 12] und nach dem Krieg in der BRD in der Ausbildungsvorschrift für die Feuerwehr (AVF 1) [13, vgl. 14] bis zur FwDV 4 „Die Gruppe im Löscheinsatz“ für Löschgruppenfahrzeuge (letzte Fassung: 1972, gültig bis 2007) festgelegt. Gleichzeitig wurde der aus zwei FA bestehende „Trupp“ definiert, während bis dahin einzelne FA als „Nummern“ bezeichnet wurden [60], wie z.B. heute auch noch in Großbritannien üblich (vgl. Abbildung 4). Aus der FwDV 4 wurde durch „Einsparung“ eines Trupps die FwDV 3 „Die Staffel im Löscheinsatz“ (letzte Fassung: 1973, gültig bis 2007) für Tanklöschfahrzeuge mit Staffelbesatzung abgeleitet [vgl.15].

In der DDR gab es unter dem Titel „Grundübungen der Gruppe“ [16] (Stand 1970) entsprechende Festlegungen. Diese wurden in der DDR mit ihrer konsequenten und anwendungsbezogenen Brandschutzforschung jedoch als überarbeitungswürdig bewertet, so dass eine Übungs- und Einsatzvorschrift zur „Taktischen Einheit TLF-LF“ (TE TLF-LF) entwickelt wurde und in die letzte Ausgabe der „Grundübungen“ integriert wurde [17; 18; 19]. Mit dieser hatten die Feuerwehren der DDR bereits in den 1980er-Jahren ein Instrument geschaffen, um auch nur mit Mindestbesatzung von insgesamt elf Feuerwehrangehörigen [20] schnell maximal drei Rohre bei einem Volumenstrom von jeweils 600 L/min bei flexibler und gleichzeitig sicherer – weil redundanter – Wasserversorgung durch Verwendung von zwei Stück BB-CBC-Verteilern (ähnliche Verteiler gehören auch in Schweden zur Standardausstattung) zum Einsatz zu bringen. Die BB-CBC-Verteiler werden fast 30 Jahre nach der Wiedervereinigung und 10 Jahre nach ihrer Übernahme in die DIN 14345:2012-05 (Normergänzung auf Grundlage der TGL 121-345:1982-07) immer noch weder in der FwDV 1 noch in der FwDV 3 überhaupt erwähnt! Anders als im Westen handelte es sich bei den „Grundübungen der Feuerwehr“ der DDR auch um „echte“ Bücher, nicht um spärliche Heftchen im Postkartenformat.

In der aktuellen Fassung (2007) der „neuen“ FwDV 3 „Einheiten im Löscheinsatz“ sind leider viele bereits bekannte Erkenntnisse nicht eingeflossen, weshalb entsprechende Standardeinsatzregeln (SER) für Staffel, Gruppe und Zug entwickelt wurden [21; 22].

Parallel zur Erarbeitung der Übungs- und Dienstvorschriften wurde ein Technisches Regelwerk für Feuerwehrfahrzeuge erarbeitet: Bis zur „Typisierung“ der reichseigenen Fahrzeuge ab 1934 bzw. 1940 hatten die meisten Feuerwehren keine Löschwasserbehälter. Die Entwicklung des dreigeteilten Löschangriffs war für die damals rein kommunal auf- und eingestellten Feuerwehren ein großer Fortschritt. Das Zusammenwirken verschiedener Feuerwehren wurde mit Beginn der Luftschutzvorbereitungen (ab Mitte der 1930er-Jahre) immer wichtiger. Die Normung folgte diesen strategischen bzw. taktischen Vorgaben in logischer Konsequenz mit der Typisierung der Löschfahrzeuge bis 1945.

Im Jahr 1948 wurde der Fachnormenausschuss Feuerlöschwesen (FNFW) unter dem Dach des DIN eingerichtet. Ein Arbeitsausschuss (AA), früher der AA 3, danach lange Jahre der AA 192.3 (man hat die Codierung der Fachbereiche auf europäischer Ebene CEN übernommen, um Verwechslungen auszuschließen) mit den Bereichen A (Löschfahrzeuge) und B (Sonderfahrzeuge) waren zuständig für die Fahrzeugnormen [23]. Im September 1955 ist die erste feuerwehrspezifische Fahrzeugnorm – DIN 14530 „Löschfahrzeuge, Allgemeine Richtlinien“ – als Vorform und sogenannte Baurichtlinie für die wichtigsten Löschfahrzeugtypen herausgegeben worden. Das LF 24 kam bis zur zweiten Typenreduzierung nie über den Status einer Vorform (DIN 14530-10; 1981.05 bis 1986.03 bzw. von 1987.01 bis 1992.01) bzw. eine AGBF-Empfehlung (Pflichtenheft NRW) hinaus. Dies lag u.a. daran, dass es bei den Beschaffern (i.d.R. Berufsfeuerwehren) zu viele unterschiedliche Auffassungen zur Verwirklichung dieses Fahrzeugs gab. Eine Baurichtlinie für ein LF 32 war geplant, erschien jedoch nicht, da bei den Feuerwehren kaum Bedarf bestand. Grundsätzlich war bis ca. in die 1980er-Jahre die Entwicklung der Fahrzeuge selbst weitgehend im Westen und Osten Deutschlands ungefähr parallel, was im gemeinsamen Ursprung in der Normung aus den 1930er- und 1940er-Jahren begründet liegt, siehe die Abbildungen auf der **Doppelseite 16/17.**

Die Normung begann im Osten Deutschlands 1953 über die Ausrüstungsnormen und Bauvorschriften von der Hauptabteilung Feuerwehr des MdI der DDR. Die letzte Phase der Entwicklung in der DDR begann mit dem Fahrgestell IFA W 50 („W“ steht hier noch für den Entwicklungsort Werdau, erst später wurde die Fertigung nach Ludwigsfelde verlagert und der „L“ 60 eben dort entwickelt): Ab 1968 wurde das LF 16-TS auf IFA W 50 L gebaut und ab 1969 auch das TLF 16 auf Allradfahrgestell W 50 LA (zGM: 10,3 t, 125 PS). Auf Grund der langen Bauzeit gab es einige Veränderungen/Verbesserungen (z.B. GMK (Ganzmetallkoffer)-Aufbau TLF). Die Pumpe war eine FPH 22/8 (also formal hydraulisch „größer“ als die heutigen FP2000-10!), das TLF hatte Werfer, ab 1985 für Schaummittel und Wasser sowie Bodensprühdüsen; Besatzung (zugelassene Personenzahl): LF 16-TS 1:8 (10), TLF 16 1:3 (6).

Anders als in der BRD hatten die Feuerwehren in der DDR weiterhin den Vorteil, einheitlich gestaltete Fahrzeuge aus Serienproduktion mit entsprechender Literatur aus dem Staatsverlag [24, vgl. das Titelbild auf **Seite 17 Mitte**] zu erhalten, während im Westen und unter Berücksichtigung der Bezuschussungs- und technischer Richtlinien von 16 Bundesländern fast jede Fahrzeugbeschaffung – außer in den großen Städten – zum teuren „Einzelschicksal“ wird.

Die SLG und die GLG waren so ausgelegt, dass sich zwei Löschgruppen an ihnen ausrüsten können, d.h. die „Stammbesatzung“ und eine zweite Gruppe, die mit einem MTF oder mit anderen Fahrzeugen herangeführt wurde. Als Beispiel für die erste Generation der getypten/genormten Löschgruppenfahrzeuge zeigt Abbildung 2 den Beladeplan eines „Schweren LF“ („SLG“), eine Klasse darunter gab es ein „leichtes LF“ (nach dem Krieg als „LF 8“ genormt) und eine Klasse darüber das größte seither genormte „Große LF“ („GLG“ bzw. LF 25).

Da heute auch Tragkraftspitzenfahrzeuge mit oder ohne Wasser über eine separate Mannschaftskabine (Abbildung 6) und Gerätekoffer verfügen, folgen die nachfolgenden Ausführungen diesem Grundkonzept. Das SLG wurde in großen Stückzahlen in Serie (nach Gihl über 5.000 Stück von 1940 bis 1945) in dieser Form v.a. von der Fa. Metz auf Daimler-Benz- und von Magirus auf Klöckner-Humboldt-Deutz-Fahrgestell bis auf geringe Unterschiede identisch gefertigt. Man mag sich nun wundern, warum die verschiedenen Geräte „so komisch" auf die Geräteräume verteilt sind:

Die nachfolgende Zusammenstellung beschreibt die „Urform" des Löschangriffs der Gruppe bei Wasserentnahme aus einem Unterflurhydranten und der Entfaltung des Angriffs von z.B. einem LF 8 (ohne Löschwasserbehälter) aus:

AT: **Erkundet, schafft Zugang, rettet und bereitet Brandbekämpfung vor**
ATF: „ABC" = Axt, Beleuchtungsgerät, C-Schlauch und Schlauchhalter
ATM: Kübelspritze, Brechwerkzeug, Schlauchhalter, Strahlrohr
WT: **Baut die Wasserversorgung Hydrant-FP-Verteiler auf, kann zweiter Angriffstrupp werden**
WTF: B-Leitung zw. Hydrant und FP, danach zum Verteiler. Einsatz als zweiter Angriffstrupp: „ABC" = Axt, Beleuchtungsgerät, C-Schlauch
WTM: Hydrantenschlüssel, Standrohr, Einsatz als zweiter Angriffstrupp: Schlauchhalter, Strahlrohr.
ST: **Verlegt alle C-Leitungen, kann dritter Angriffstrupp werden**
STF: Verteiler, 2 C-Rollschläuche oder C-Haspel zusammen mit STM. Verlegt alle C-Leitungen. Einsatz als dritter Angriffstrupp: „ABC" = Axt, Beleuchtungsgerät, C-Schlauch
STM: 2 C-Rollschläuche oder C-Haspel zusammen mit STF. Einsatz als dritter Angriffstrupp: Schlauchhalter, Strahlrohr.

Der Vergleich mit Abbildung 2 zeigt, dass jede Funktion die erforderlichen Geräte entnehmen kann, ohne eine andere zu behindern oder selbst behindert zu werden. Wie in Abbildung 3 zu erkennen ist, wurde beim Absitzen und bei der Beladung zwischen der „Truppführerseite" (links) und der „Truppmannseite" (rechts) unterschieden. Die Geräte wurden so auf den Ausbau verteilt, dass sich die FA nicht gegenseitig bei ihrer Entnahme behinderten – die Gerätekoffer hatten ursprünglich seitwärts schlagende Flügeltüren (vgl. auch Abbildung 5). Beachtenswert auch die Saugleitungen mit einer Länge von 2.500 mm, die einen schnelleren Ausbau der Wasserversorgung ermöglichen als mit kürzeren.

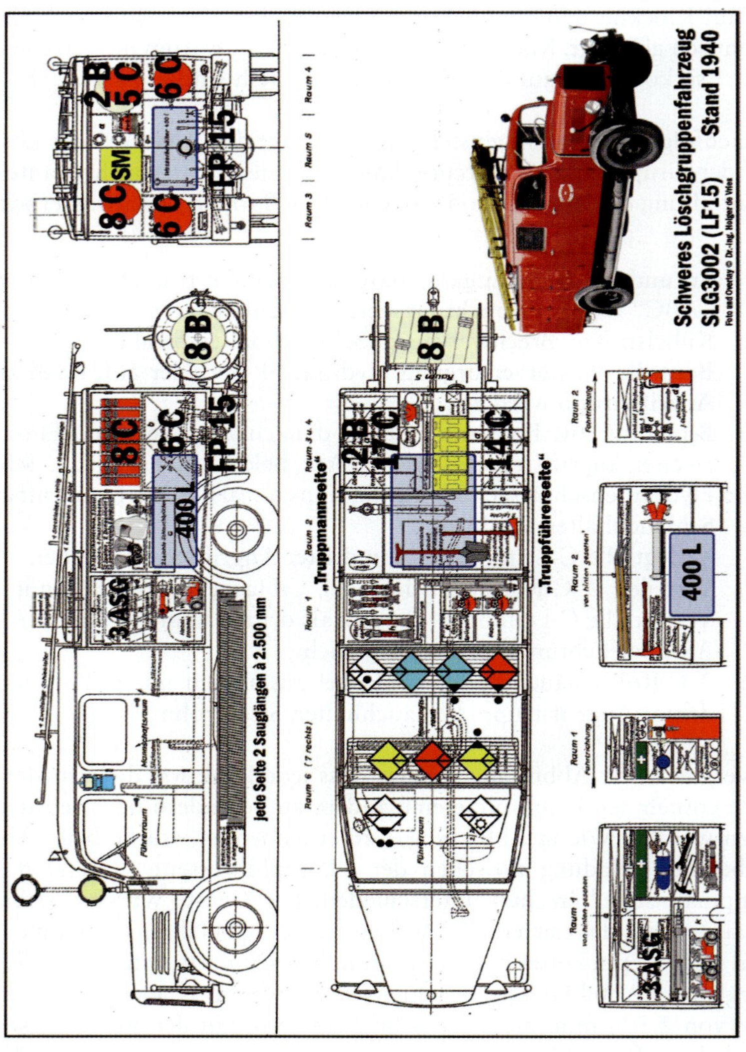

Abbildung 2: Schweres Löschgruppenfahrzeug (1940) – Beladeplan und Sitzordnung

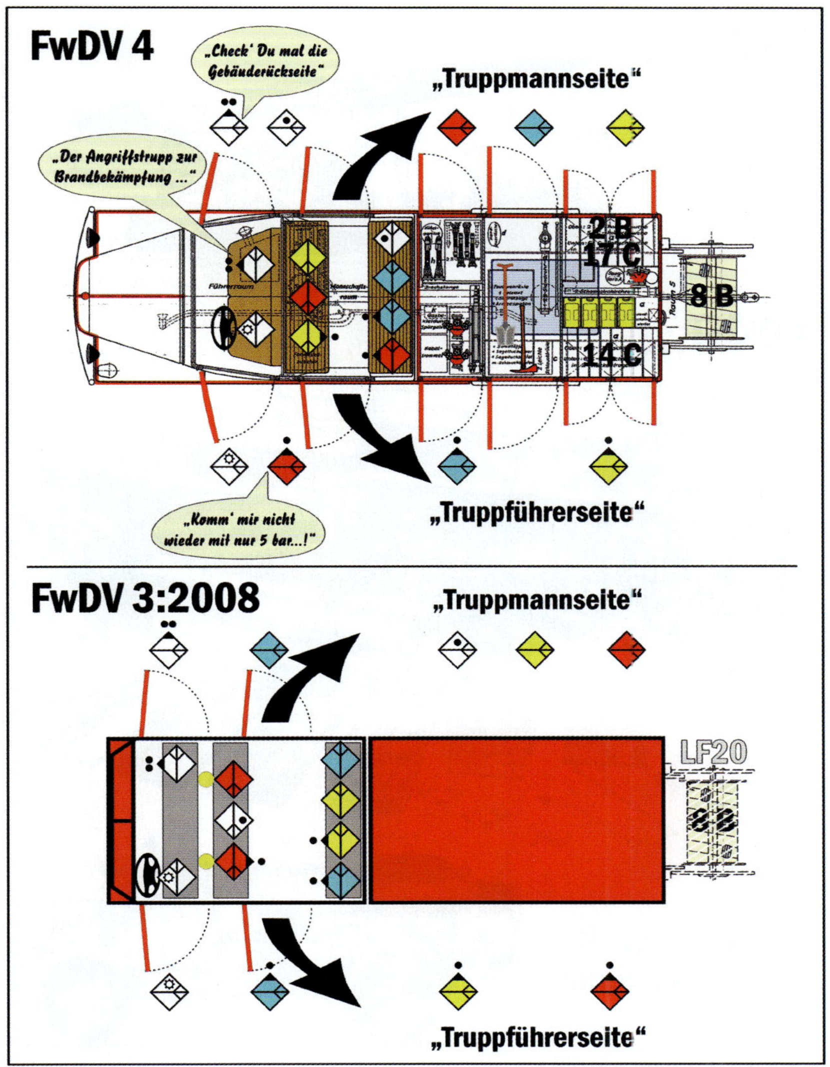

Abbildung 3: Sitzordnung in Löschgruppenfahrzeugen bis und ab 2007

1920...
1940...
zum Vergleich
TLF in „Reinform“

1960...
1970...
FEUERWEHR
Fahrzeuge
der Feuerwehr
Einsatzvarianten
2018...
Feuerwehr Hooksiel
112

Abbildung 4 zeigt zum Vergleich das bis 1945 gebaute britische Gegenstück zum LF 15 auf Fordson- bzw. Bedford-Fahrgestell. Sie wurden in der Regel mit 4 bis 6 FA besetzt [25].

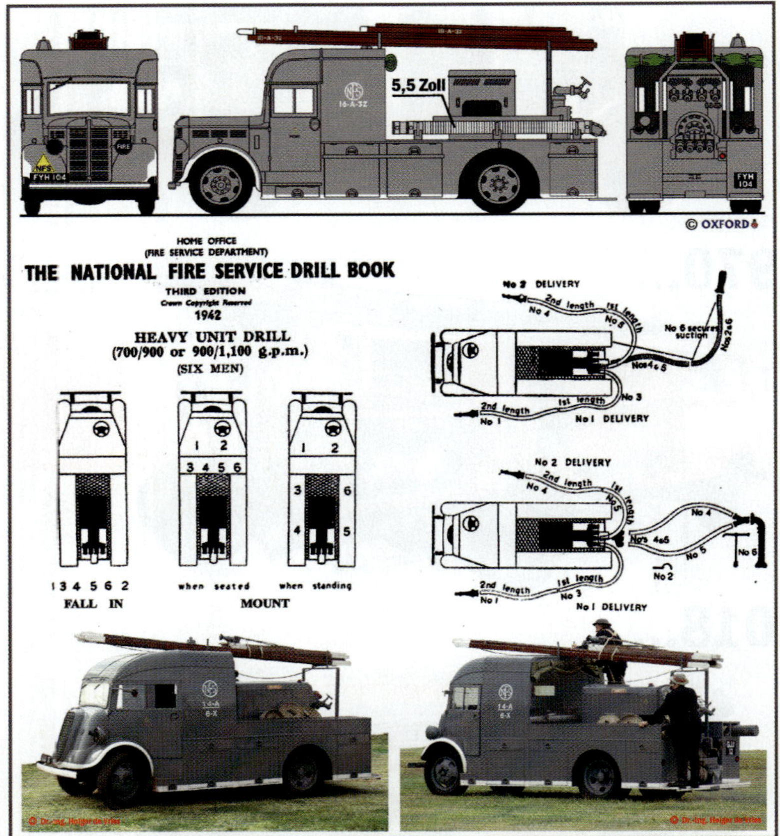

Abbildung 4: „Heavy Pump Unit" (HPU) des National Fire Service (UK, 1941 bis 1948) auf Bedford- (oben) bzw. Fordson-Fahrgestell (unten) mit Pumpenleistungen von 700 bis 1.100 GPM (3.200 bis 5.000 L/min) [26; 27; 28; 29; 30] (Quelle Zeichnung: Oxford Diecast Ltd., Swansea,UK)

Abbildung 5: In Europa mittlerweile sehr selten: seitlich schlagende Geräteraumtüren an einem Gerätewagen Gefahrgut (HazMat Unit, hier als „Walk-In")

Abbildung 6: Alte und neue Bauart von TSF

Fast alle deutschen Löschfahrzeuge nach Norm – vom Tragkraftspritzenfahrzeug (TSF) bis zum großen Tanklöschfahrzeug (TLF 24/48 bzw. TLF 4000) haben ein erstaunliches Detail gemeinsam: Die Eingangskupplung ihrer Pumpen hat immer die gleiche Größe, unabhängig von der Leistungsfähigkeit der eingebauten Pumpen. Dabei kann eine Feuerlöschkreiselpumpe vom Typ FPN 3000 an sich drei bis viermal so viel Wasser fördern wie eine Tragkraftspritze TS 8/8 bzw. PFPN 10-1000. Betreibt man an einer Einsatzstelle beispielsweise einen Werfer mit 2.000 L/M und einen Verteiler mit 800 L/M (2 Hohlstrahlrohre à 400 L/M), so ist die Normleistung einer FP 2000 mit A-110-Eingang schon ausgeschöpft.

Abbildung 7 zeigt die Evolution vom getypten Löschgruppenfahrzeug LF 15 über das zum (Hilfeleistungs-)Löschfahrzeug (H)LF 16(/12) bis zum HLF 20 der Gegenwart. Die zulässige Gesamtmasse dieses Fahrzeugtyps hat sich mehr als verdoppelt, die mitgeführte Löschwassermenge ist heute mindestens viermal so groß wie 1938. Die Leistung des Antriebsaggregats hat im Vergleich zur zulässigen Gesamtmasse überproportional zugenommen, ohne dass dieses Potential für den Betrieb der Pumpe genutzt wird, stattdessen wird das zur Verfügung stehende Drehmoment für Pumpen und Pumpenkonfigurationen in der Größenordnung von nominell um die 2.000 L/min (1938: 1.500 L/min) „verschenkt“. – Ungewöhnlich, wo deutsche Feuerwehren doch sonst immer das Neueste, Beste, Größte, Schwerste, Roteste haben wollen. Nicht ohne Grund waren für das SLG (LF 15) ein und für das GLG (LF 25) zwei A-Saugeingänge genormt, um die 2.500 L/min des GLG fördernde Pumpe auch entsprechend versorgen zu können [31].

Die Bilder in Abbildung 8 zeigen, dass die Normung von Fahrzeugen und ihre Standardisierung auf kommunaler Ebene der Berücksichtigung lokaler Erfordernisse nicht im Wege stehen. Die vier TSF-W wurden in zwei aufeinanderfolgenden Jahren beschafft und verfügen jeweils in G4 über modulare Beladung. Da nach AAO bei den meisten freiwilligen Feuerwehren ohnehin gleichzeitig mehrere Fahrzeuge bzw. Standorte zur Schutzzielerfüllung alarmiert werden, bedeutet diese Standardisierung einen erheblichen Vorteil für die standortübergreifende Ausbildung und Zusammenarbeit an der Einsatzstelle. Hätte man zudem noch auf einen formstabilen „Schnell“-Angriff zugunsten einer Schnellangriffeinrichtung mit D- oder C-Schläuchen verzichtet

(Abbildung 9, Abbildung 10, vgl. [32]), hätte man im oberen Teil von G4 bei diesen Fahrzeugen mit relativ geringem Transportvolumen auch noch Platz sparen können.

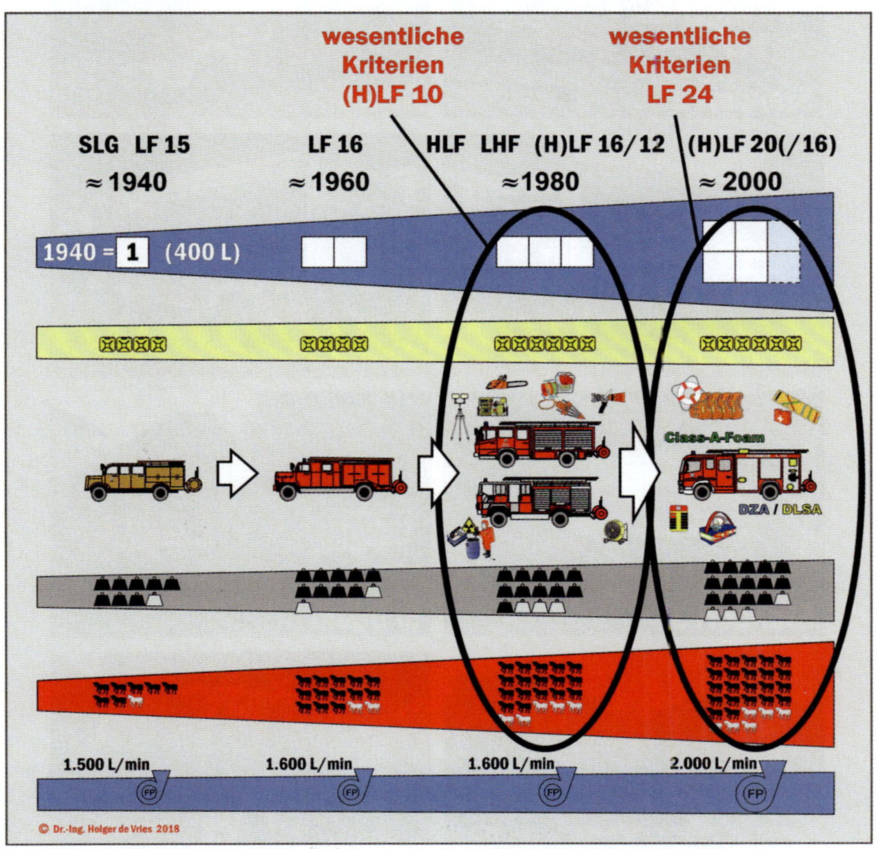

Abbildung 7: Die Entwicklung des LF 15 bis zum (H)LF 20

Abbildung 8: Standardisierte TSF-W von 4 Ortsfeuerwehren mit Zusatzbeladung in einer Stadt mit insgesamt 12 Feuerwehrstandorten

Abbildung 9: Schnellangriffeinrichtungen in den Größen B, C und D mit Flachschläuchen (Quelle: Heiner Lahmann)

Abbildung 10: Standardisiertes TSF-W im Kreis Schleswig-Flensburg

In Abbildung 11 ist zu erkennen, dass ca. 50 % Städte und Gemeinden weniger als 2.000 Einwohner und ca. 90 % weniger als 10.000 Einwohner haben.

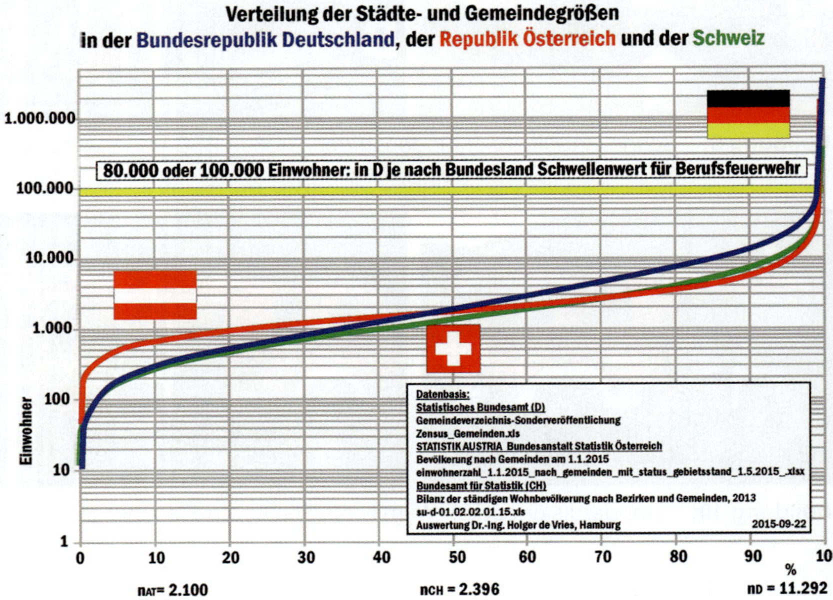

Abbildung 11: Verteilung der Städte- und Gemeindegrößen in der Bundesrepublik Deutschland, der Republik Österreich und der Schweiz

Abbildung 12: Gruppenbild der Fahrzeuge einer norddeutschen Gemeinde mit 16 Ortsteilen, ca. 9.000 Einwohnern auf einer Fläche von ca. 180 km² und 7 Feuerwehrstandorten

Aufgrund der zahlreichen Kommunalreformen [vgl.: 33; 34; 35; 36; 37] der letzten Jahrzehnte gibt es die „kleine Gemeinde“ mit z.B. nur einem Löschfahrzeug (z.B. Tragkraftspritzenfahrzeug TSF) und eventuell einem Mannschaftstransportfahrzeug nicht mehr. Selbst Gemeinden mit unter 10.000 Einwohnern haben heute bis zu 20, 30 oder 40 Standorte. Daher ist es sinnvoll, die Fahrzeugkundeausbildung in einen größeren Zusammenhang zu stellen, wie in Abbildung 13 dargestellt.

Abbildung 13: Faktoren

Was für eine einzelne Ortsfeuerwehr eine noch überschaubare Anzahl an „losem Gerät" darstellt, bedeutet auf Gemeinde- oder Stadtebene einen Aufwand an Materialwirtschaft, der mit dem eines mittelständischen Unternehmens vergleichbar ist. Daher wurden bereits ab den 1960er-Jahren – je nach Bundesland – das Schlauchwesen, die Atemschutz- und Chemieschutztechnik, und das Funkwesen auf Kreisebene organisiert und Feuerwehrtechnische Zentralen (FTZ) bzw. Kreisfeuerwehrzentralen eingerichtet und betrieben. In den Brandschutz-/Feuerwehrgesetzen der Bundesländer heißt es folgendermaßen oder ähnlich:

Die Kreise haben ... die überörtlichen Aufgaben zur Sicherstellung des abwehrenden Brandschutzes und der Technischen Hilfe wahrzunehmen, ... eine Feuerwehrtechnische Zentrale zur Unterbringung von Fahrzeugen und Gerätschaften, Pflege und Prüfung von Geräten und Material ... . Die Kreise haben die Gemeinden bei der Ausstattung ihrer Feuerwehren zu unterstützen und sie in allen Angelegenheiten des Feuerwehrwesens zu beraten ... und Alarmpläne für den überörtlichen Einsatz und die gemeindeübergreifende Hilfe aufzustellen. .... Benachbarte Kreise und kreisfreie Städte können mit Zustimmung des Ministeriums für Inneres in allen genannten Aufgabenbereichen gemeinsame Einrichtungen betreiben.

Das Land fördert das Feuerwehrwesen. Seine Aufgaben sind im besonderen, die Gemeinden und Kreise auf dem Gebiet des Feuerwehrwesens zu unterstützen und zu beraten, eine Landesfeuerwehrschule zu unterhalten, den Gemeinden und Kreisen für den abwehrenden Brandschutz und die Technische Hilfe Zuwendungen zu gewähren und die Brandschutzforschung und -normung zu unterstützen.

Wie bereits dargestellt, bestand die Beladung eines Löschgruppenfahrzeugs bis in die 1970er-Jahre fast nur aus Schläuchen, wasserführenden Armaturen, Handwerkzeug und tragbaren Leitern. Heute ist die Beladung eines Hilfeleistungslöschfahrzeugs (HLF) zusätzlich um die eines Rüstwagens der 1960er-bis 1980er-Jahre erweitert. Beide Fahrzeugtypen (LF und RW bzw. GW) kamen übrigens ursprünglich jeweils mit einer Fahrzeugmasse von 9 bis 10 t aus – heute bringt es ein HLF auf 16 bis 18 t oder mehr. Diese Vielzahl an technischen Geräten erfordert auch eine entsprechende Wartung und Prüfung, Instandhaltung, Reparatur, wie im folgenden Kap. 1.2 erläutert.

1.2 Wartung, Instandhaltung und Prüfung von Ausrüstung und Geräten

Die Wartung, Instandhaltung und Prüfung von Ausrüstung und Geräten sollen nach den Regeln der Technik erfolgen. Dies wird zwar in den Brandschutzgesetzen der Länder nicht explizit genannt, ist aber de facto als „Pflichtaufgabe" zu sehen, um den sicheren Betrieb der Feuerwehr zu gewährleisten. Dazu sind entsprechende Werkstätten und Personal, das ausreichend qualifiziert ist (als Gerätewarte, eingewiesene Person, Fachkundige oder Sachkundige) und fortgebildet wird, erforderlich,

Durch einen ständig wachsenden Anspruch in technischer und personeller Hinsicht an die Feuerwehren wächst auch in gleichem Maße der Bestand an komplexer und hochwertiger werdender Technik. Wegen der Anpassung des Gerätebestandes an die unterschiedlichsten Aufgaben wird das Aufgabenfeld der Geräteprüfung um ein Vielfaches größer. Aufgrund dieser Gerätevielfalt sind Prüfverfahren notwendig, um eine fachgerechte Prüfung der einzelnen Geräte und Ausrüstungen sicherzustellen. Im Geltungsbereich der Unfallverhütungsvorschriften (UVV) „Feuerwehren" (DGUV Vorschrift 49, alt: GUV-V C 53) [38] sind für Ausrüstungen und Geräte der Feuerwehr regelmäßige Prüfungen vorgeschrieben. Diese Prüfgrundsätze spiegeln den Stand der Technik hinsichtlich der Prüfung von Ausrüstungen und Geräten der Feuerwehr wider. Weil sich die Geräteprüfordnung nur mit einem kleinen Teil des tatsächlich vorgehaltenen (feuerwehrtechnischen) Geräts befasst, sind bei der Geräteprüfung die unterschiedlichsten Vorschriften und Richtlinien durch den Prüfer zu beachten. Da ein großer Teil der Ausrüstungen und Geräte nicht speziell für den Einsatz in den Feuerwehren konzipiert ist, sind unter anderem auch die Herstellerangaben zur Prüfung ausreichend. Wenn keine Angaben zur Prüfung gemacht werden, so lassen sich aus der Geräteprüfordnung (DGUV Grundsatz 305-002, alt: GUV-G 9102) entsprechende Prüfanordnungen ableiten. Eine Prüfpflicht lässt sich grundsätzlich für jedes bei der Feuerwehr benutzte Gerät ableiten.

Um den notwendigen Prüfumfang festzulegen, muss auf Regelwerke aus anderen Bereichen der Technik zurückgegriffen werden. Zu nennen sind in diesem Zusammenhang TÜV- und TÜD-Vorschriften, DIN-Normen, vfdb-Richtlinien (insbesondere für Atemschutzgeräte) Vorschriften des VDI, VDE, VdS sowie übergeordnete Arbeitsschutzvorschriften wie z.B. Produkt- und Gerätesicherheitsverordnung und Betriebssicherheitsverordnung.

Der Leiter der Feuerwehr ist dafür verantwortlich, dass eine dauerhafte Funktionstüchtigkeit der Geräte sichergestellt ist. Von der Funktionstüchtigkeit und Gebrauchstauglichkeit der Ausrüstung hängt im hohen Maße der Einsatzerfolg ab. Eine regelmäßige und gewissenhafte Prüfung dient gleichsam auch der Werterhaltung des technischen Geräts.

1.3 Grundlagen der Logistik

Zum Ursprung des Begriffs: „Logistik" leitet sich von den frz. Wörtern „loger" (dt.: beherbergen, unterbringen, einquartieren) und „logis" (dt.: Wohnung, Quartier) ab. Logistik ist ein Sammelbegriff für vielfältigste physische, die Truppe unterstützende Aufgaben und wird auch zivil verwendet [39].

„Die 6 R der Logistik"

Die Logistik hat die Aufgabe, die richtige Menge der richtigen Objekte [materielle Güter und Informationen] am richtigen Ort zum richtigen Zeitpunkt in der richtigen Qualität zu den richtigen Kosten zur Verfügung zu stellen.

Streng genommen verfügt der weit überwiegende Teil der deutschen Feuerwehren nicht über Logistik, da es innerhalb der eigenen Organisation keinen entsprechenden Fachdienst gibt und keine Depots oder Lager, aus denen „über das Tagesgeschäft hinaus" eine logistische Leistung erbracht werden könnte: Die kommunalen Feuerwehren können direkt nur über das verfügen, was auf ihren Fahrzeugen, ggf. auf Abrollbehältern und/oder Alarmlagern vorgehalten wird. Darüber hinaus – abgesehen von Ausnahmen wie der

„nationalen Sandsackreserve“ oder „Landesreserven“ z.B. an Schaummittel, Hochwasser- oder Waldbrandgerät, die alle auch nicht Teil einer kommunalen Feuerwehr sind – müssen die Feuerwehren auf die Technik und Vorräte ihrer Nachbarn oder anderer Organisationen zurückgreifen.

Grundsätzlich richten sich Umfang, Zusammensetzung und Struktur der für Einsätze bereitzustellenden Fähigkeiten, Kräfte und Mittel nach dem logistischen Bedarf der Einsatzkräfte und ggfs. nach Verfügbarkeit von Leistungen Dritter. Dies umfasst Transport, Unterbringung und Verpflegung der Einsatzkräfte sowie Transport, Lagerung und Wartung aller Gebrauchs- und Verbrauchsgegenstände gemäß der jeweiligen taktischen Entscheidungen der Einsatzleitung und das Unterstützen der Rückführung von Personal, Ausrüstung und Vorräten bei Beendigung eines Einsatzes. Dabei geht es um Aufgaben der Erst- und der Folgeversorgung zu der/den Einsatzstelle/n.

Für den Bereich der Feuerwehr wäre es sinnvoll, den Bereich der Beschaffung, insbesondere der Verbrauchsgüter, auch im Bereich der Logistik zu verorten.

Abbildung 14: Handelsübliche Schaummittelbehälter, beachte den Barcode [40; 41; 42]

Bereits beim kleinen „Normaleinsatz“, der von einer Einheit oder einem Standort aus vollständig bedient werden kann, ist eine entsprechende Kennzeichnung der Geräte (z.B. welchem Fahrzeug sie „gehören“) und der Verbrauchsgüter (Ölbindemittel, Schaummittel etc.) erforderlich. Bei Einsätzen mit einer (Technischen) Einsatzleitung (vor Ort) gelten die Dokumentationspflichten nach FwDV 100 [43]: Es ist ein Einsatztagebuch zu führen und zu sichern, zusammen mit allen im Laufe des Einsatzes eingegangen und abgesendeten „Medien": Meldungen, Faxe, Mails, Bilder, Ein- und Ausgangsmeldungen, Filme, Sicherheitsdatenblätter, Kräfte- und Mittelübersichten etc. Es gilt eine Aufbewahrungspflicht von 10 Jahren. Dies ist erforderlich, damit die Feuerwehr bzw. der jeweilige Einsatzleiter bei „drastischen" Maßnahmen (Aufgabe von Gebäuden oder Teilen davon, Einreißen von Wänden, Verwendung großer Löschmittel-/Schaummittelmengen) die Rechtmäßigkeit, Eignung, Notwendigkeit und Angemessenheit der Entscheidungen und Maßnahmen darlegen kann [vgl. z.B. 44].

2 Kennzeichnung

2.1 Bezeichnung von Geräteräumen

Um eine leichtere Kommunikation (z.B. auch zwischen Auftraggeber und -nehmer bei der Fahrzeugbeschaffung und dem dazu gehörigen Auf- und Ausbau) sowie eine einfachere Ausbildung zu ermöglichen, werden die Komponenten des Feuerwehrfahrzeugs sowie des Aufbaus nach DIN 14 530 wie folgt einheitlich bezeichnet:

F	Fahrerraum (serienmäßige Front mit Fahrer- und Beifahrersitz)
M	Mannschaftsraum (egal ob serienmäßige Doppelkabine, angebaute Staffel- bzw. Gruppenkabine an eine Serienkabine oder in den Aufbau integriertes Kabinenteil)
G 1, 3, 5 usw.	Von links vorn nach links hinten durchnummerierte Geräteräume
G 2, 4, 6 usw.	Von rechts vorn nach rechts hinten durchnummerierte Geräteräume
GR	Geräteraum auf der Rückseite am Fahrzeugheck
D, DK	Dach, ggf. noch ergänzt, als für Dachkasten und ggf. durchnummeriert

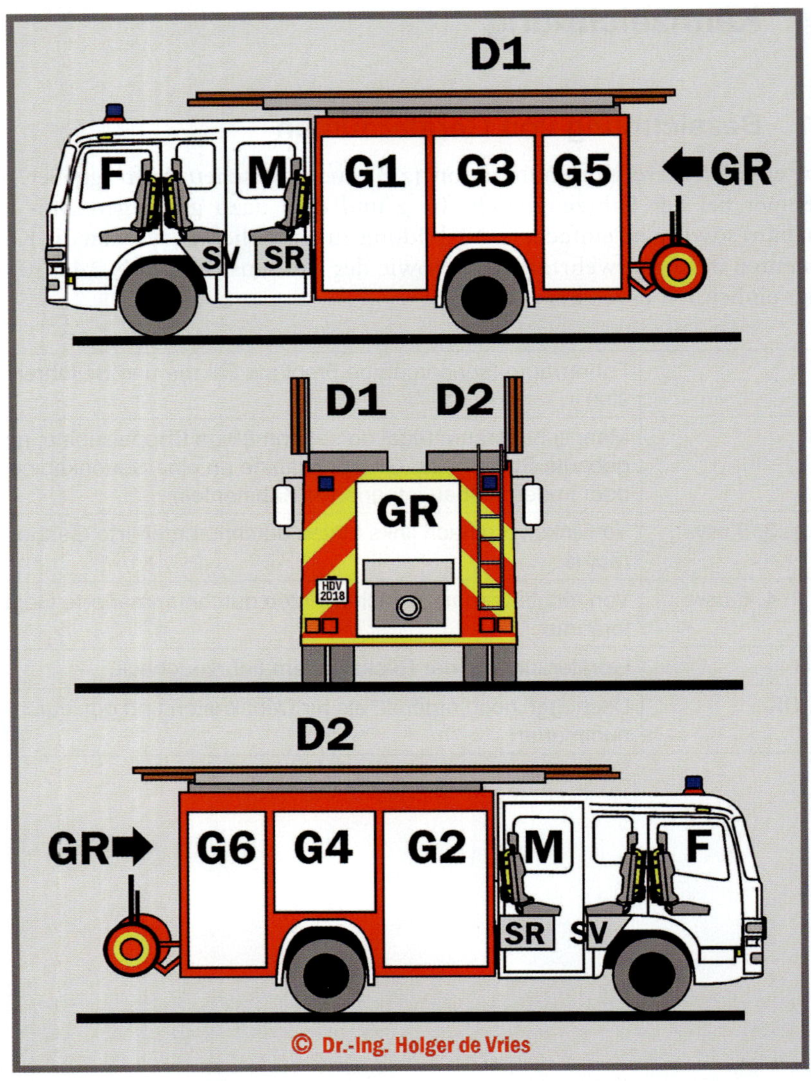

Abbildung 15: Geräteraumbezeichnungen bei Feuerwehrfahrzeugen

Neben den in Abbildung 15 dargestellten Bezeichnungen gab es in DIN 14 530 zeitweise auch noch „T“ als Bezeichnung für „Trittbrett“ bzw. „Trittbrettkasten“ (zwischen den Achsen) sowie „U“ für „unter dem Aufbau“, z.B.: als Lagerort für Unterlegkeile. Dort ist heute üblicherweise ein „Traversenkasten“ angeordnet, der dem hintersten, seitlichen Geräteraum der jeweiligen Seite zugeordnet wird. Trittbrettkästen dienten als Lagerort für Saugschläuche, dies ist aufgrund der heute üblichen Fahrgestellkonfigurationen (Abgasbehandlung) nicht mehr möglich. Da die Geräteräume der Fahrerseite mit ungeraden und die der Beifahrerseite mit geraden Ziffern bezeichnet werden, folgt Abbildung 15 nicht der Norm, in der „S1“ für der vorderen (hier: SV) und S2 für den hinteren Sitzkasten (hier: SH) verwendet wird.

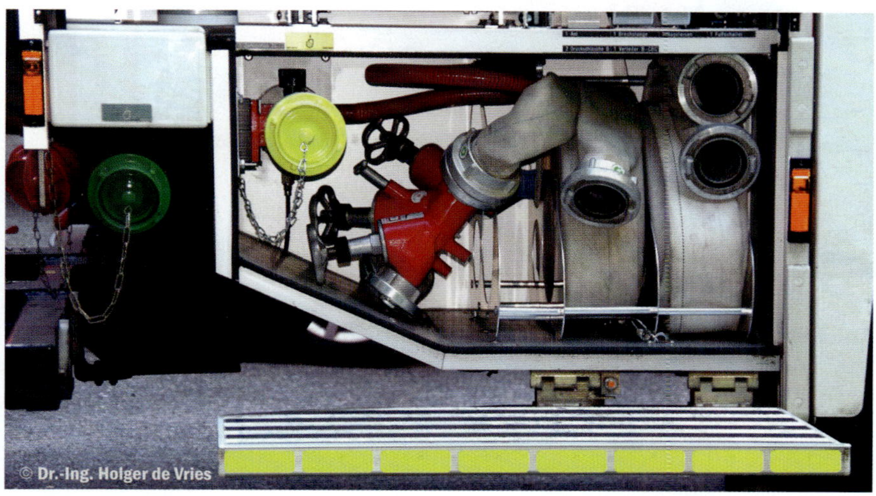

Abbildung 16: Der „Traversenkasten“ ist mittlerweile zum Standard geworden, wird allerdings oft als „Rumpelkammer“ benutzt. Durch entsprechende Halterungen kann der Einsatzzweck (hier: Schnellangriffverteiler) schneller und materialschonender erreicht werden.

2.2 Kennzeichnung an Fahrzeugen von außen

Eine seltene Methode ist die Beschriftung der Geräteraumverschlüsse mit deren Inhalt, siehe Abbildung 17 bis 19.

Abbildung 17: Außenbeschriftung an einem GW-Oel

Abbildung 18: Bei diesen Rüstwagen der Feuerwehr Ostringen wurde die Geräteraumbeladung als Grafikfolie aufgebracht. (Quelle: Tony Brändle AG)

Abbildung 19: Beschriftung der Geräteraumverschlüsse an einem dänischen LF (Quelle: Heiner Lahmann)

2.3 Weitergehende Geräte- und Geräteraumkennzeichnung

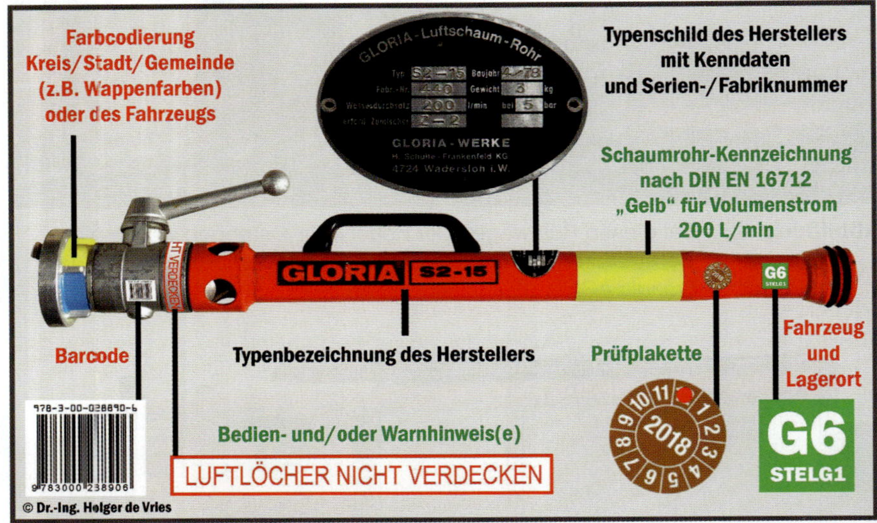

Abbildung 20: (Erweiterte) Gerätekennzeichnung

Abbildung 20 zeigt beispielhaft an einem Schaumrohr S2 eine ausführliche Gerätekennzeichnung:

- **Hersteller (schwarz):** Für Strahlrohre (und andere Geräte) nach Norm werden bestimmte Kennzeichnungen vorgeschrieben, hier die Typenbezeichnung und das Typenschild sowie (ab 2015) die gelbe Banderole nach DIN EN 16712 für einen Volumenstrom von 200 L/min sowie ggf. Bedien- und oder Warnhinweise.
- **Feuerwehr oder Hersteller (grün):** Als Nachrüstung z.B. die gelbe Banderole nach DIN EN 16712 für einen Volumenstrom von 200 L/min sowie ggf. Bedien- und oder Warnhinweise

- **Feuerwehr:** Barcode, Fahrzeug (oder/und z.B. Rollwagen, siehe Abbildung 45 ff.) und Lagerort, Prüfplakette und die klassische Farbcodierung der Kupplung

Schon der Barcode ist nicht von Jedermann lesbar, daher werden für die Arbeit am Fahrzeug Kennzeichnungen mit „analoger" Kodierung – sprich: mit Buchstaben, Zahlen, Farben und Formen – benötigt. Bei Atemschutzgeräten (Maske, Lungenautomat, Basisgerät) und den zugehörigen Prüfgeräten sind mittlerweile drahtlose, digitale Kodierungen und Verbindungen z.B. mittels BlueTooth oder Transponder möglich. Dies wird sicherlich in Zukunft auch andere Geräte wie z.B. Schläuche betreffen.

Wie (nach welchem System) und in welcher Qualität (Dauerhaftigkeit: Aufkleber, gefräste Schilder) die Lagerort- und Gerätebeschriftung erfolgen soll, muss im Rahmen der Auftragsvergabe mit dem Aufbauhersteller verbindlich abgeklärt bzw. im Rahmen eines Leistungsverzeichnisses beschrieben werden.

Abbildung 21: Gefrästes Schild des Lagerorts

Abbildung 22: Geräteraumeinteilung eines GW-G mit durchgehendem Geräteraumverschluss

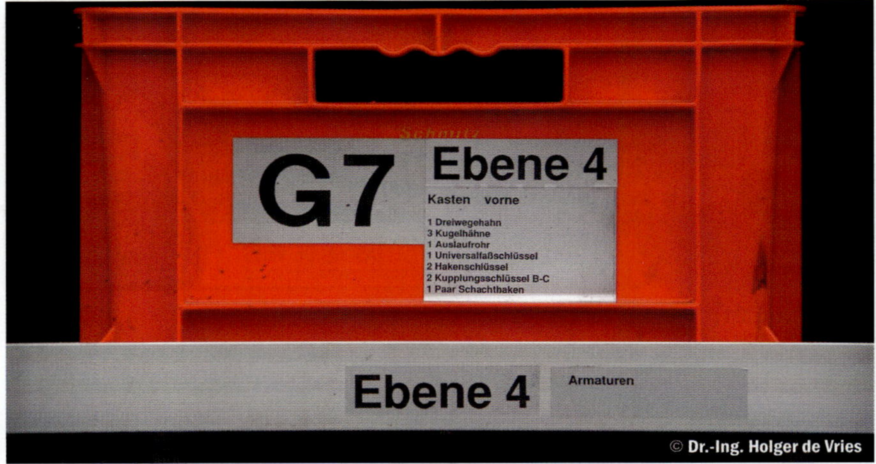

Abbildung 23: Ebenenkennzeichnung zusätzlich zur Geräteraumeinteilung eines GW-G

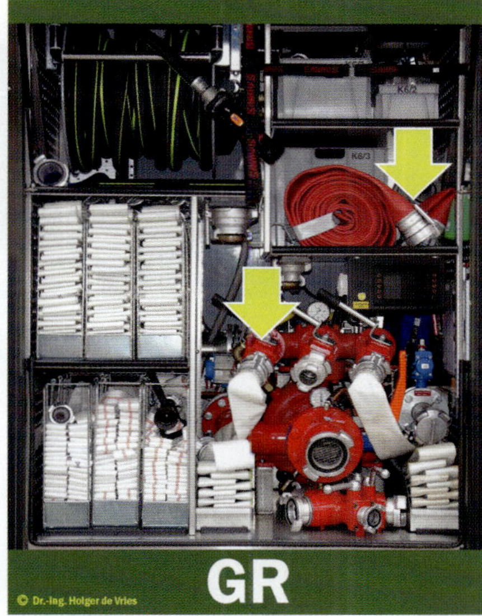

Abbildung 24: Ein ähnliches System wie beim GW-G wird bei diesem TLF 30/31 der finnischen Armee verwendet. Beachte den vergleichsweise einfachen Aufbau mit wenigen Auszügen. Die Geräte zur Wasserversorgung/Brandbekämpfung sind im GR konzentriert.

Abbildung 25: Geräteraumeinteilung und -kennzeichnung an einem schwedischen Flugfeldlöschfahrzeug. Beachte auch die laminierten Bilder der Beladung!

Abbildung 26: Dekontaminationsfahrzeug ohne gekennzeichnete Beladung (oben) – der Rückbau der Dekon-Strecke und die Verlastung ihrer Komponenten wird dadurch nicht einfacher (unten). (Quelle: Fa. Rosenbauer)

Abbildung 27: Die Beladung des Gerätewagens-Sanität (GW-San) des Katastrophenschutzes (im Beispiel Aufbau von WAS) ist so gekennzeichnet, dass der Lagerort und auch die dahinter liegenden Ausrüstungen erkannt werden können. Von Hand wurde hier das Kfz-Kennzeichen hinzugefügt.

2.4 Dokumentation und Informationsquellen

Traditionell wurden die Einsatzfahrzeuge früher nur mit den Handbüchern des Fahrgestells und der eingebauten Aggregate wie z.B. Pumpe, Stromerzeuger, Lichtmast, Seilwinde ausgeliefert. Davon hatte die „Mannschaft“ recht wenig. Mittlerweile ist eine vollständige Fahrzeug- und Aufbaudokumentation inklusive des tragbaren Geräts Standard, wie dies z.B. beim THW bereits jahrzehntelang üblich war (siehe Abbildung 28). Auch dies ist im Leistungsverzeichnis der Fahrzeugbeschaffung zu beschreiben.

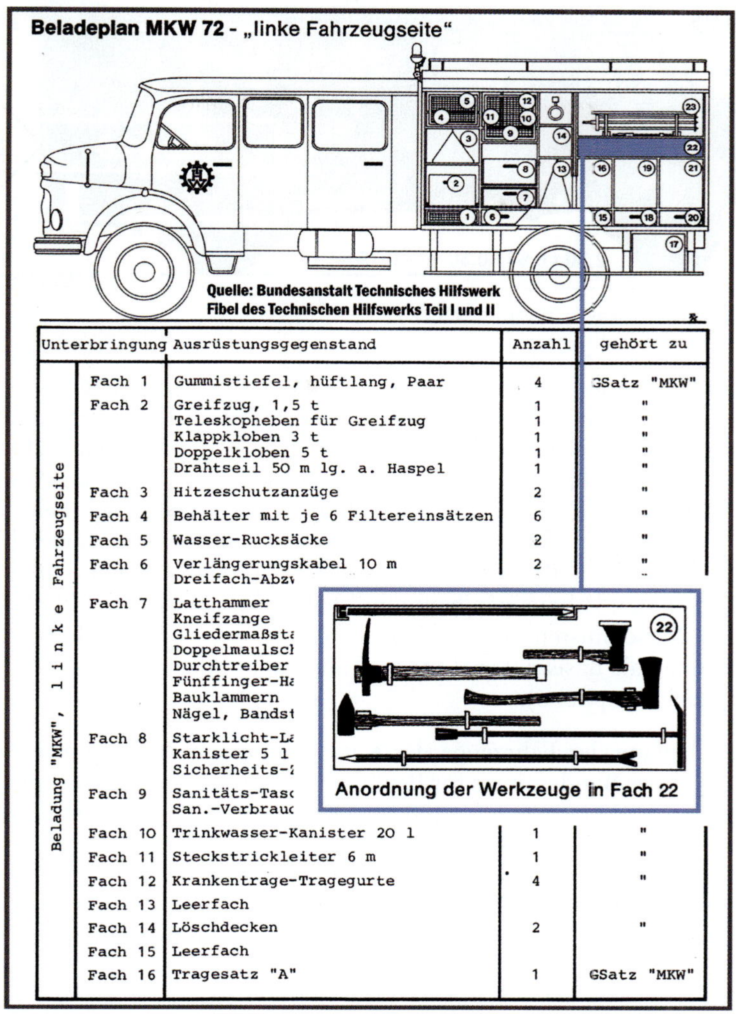

Unterbringung		Ausrüstungsgegenstand	Anzahl	gehört zu
Beladung "MKW", linke Fahrzeugseite	Fach 1	Gummistiefel, hüftlang, Paar	4	GSatz "MKW"
	Fach 2	Greifzug, 1,5 t	1	"
		Teleskopheben für Greifzug	1	"
		Klappkloben 3 t	1	"
		Doppelkloben 5 t	1	"
		Drahtseil 50 m lg. a. Haspel	1	"
	Fach 3	Hitzeschutzanzüge	2	"
	Fach 4	Behälter mit je 6 Filtereinsätzen	6	"
	Fach 5	Wasser-Rucksäcke	2	"
	Fach 6	Verlängerungskabel 10 m	2	"
		Dreifach-Abzv		
	Fach 7	Latthammer		
		Kneifzange		
		Gliedermaßst		
		Doppelmaulscl		
		Durchtreiber		
		Fünffinger-Hı		
		Bauklammern		
		Nägel, Bandst		
	Fach 8	Starklicht-Lı		
		Kanister 5 l		
		Sicherheits-ı		
	Fach 9	Sanitäts-Tas		
		San.-Verbrau		
	Fach 10	Trinkwasser-Kanister 20 l	1	"
	Fach 11	Steckstrickleiter 6 m	1	"
	Fach 12	Krankentrage-Tragegurte	4	"
	Fach 13	Leerfach		
	Fach 14	Löschdecken	2	"
	Fach 15	Leerfach		
	Fach 16	Tragesatz "A"	1	GSatz "MKW"

Abbildung 28: Beladeplan des MKW 72 des THW (Auszug)
(Quelle: Bundesamt Technisches Hilfswerk)

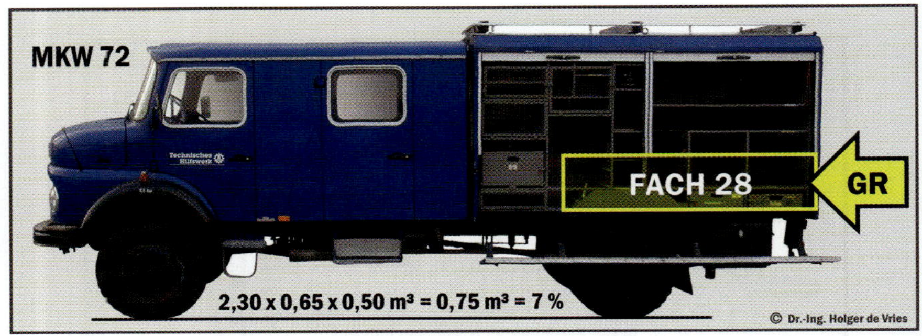

Abbildung 29: Fach 28 beim MKW 72

Das THW hatte auf diesem Fahrzeug übrigens eine echte „Geheimwaffe“, das Fach 28; es war leer und konnte somit – bei grundsätzlicher bundeseinheitlicher Standardisierung – unter der Berücksichtigung der Gewichtsreserve eine „örtlich erforderliche zusätzliche Beladung“ aufnehmen (vgl. auch Abbildung 29). Zielgruppe für den Beladeplan der Fahrzeuge beim THW waren nicht nur die Maschinisten, sondern alle Helfer, daher waren sie auch im Handbuch des THW enthalten. Vergleichbare Darstellungen findet man bei kommunalen Fahrzeugen heute im „Fahrzeugordner“ der üblicherweise zwischen Maschinisten- und Fahrzeugführerplatz, (siehe Abbildung 30). Diese können als Basismaterial für die Fahrzeugkundeausbildung verwendet werden (siehe Kapitel 6).

Die Beladepläne der Fahrzeuge des Katastrophenschutzes können auf den Homepages des Bundesamtes für Bevölkerungsschutz und Katastrophenhilfe gesucht und heruntergeladen werden, Abbildung 31 zeigt einen Screenshot der Seite mit Erläuterungen.

Rosenbauer USA bietet seinen Kunden bereits die Möglichkeit eines Logins, um digitale Fahrzeug- und Geräteinformationen herunterzuladen (Abbildung 32).

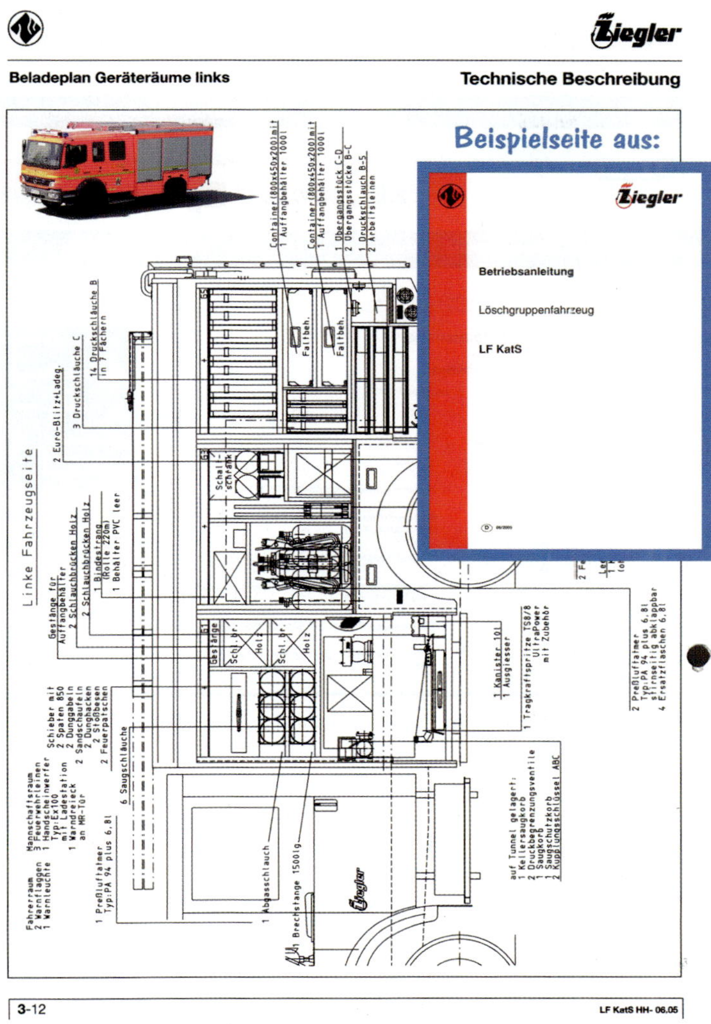

Abbildung 30: Beladeplan eines kommunalen Löschfahrzeugs (Beispiel) (Quelle: Fa. Ziegler)

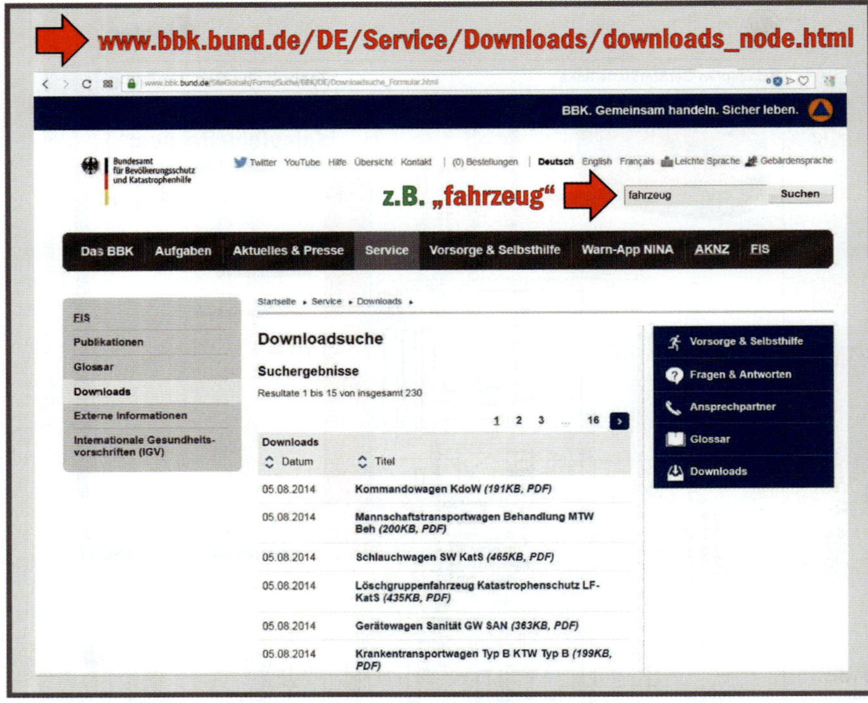

Abbildung 31: Suchmaske im Downloadbereich des BBK

Abbildung 32: Die Zukunft: Fahrzeugdokumentation online

2.5 Erweiterte Geräte- und Lagerortkennzeichnung

Auf Grundlage der üblichen Geräteraumbezeichnung bei Feuerwehrfahrzeugen nach Abbildung 15 wurde eine Farbkodierung nach Abbildung 33 festgelegt. Diese orientiert sich hinsichtlich der Fahrzeugseiten an Rot („Backbord“) für die linke und Grün („Steuerbord“) für die rechte Fahrzeugseite. Dies betrifft auch die Dachbeladung. Für Fahrer- und Mannschaftsraum wurde gemeinsam Blau festgelegt. Geräte, die im GR oder an der fahrbaren Haspel gelagert werden, erhalten Schwarz als Farbcode.

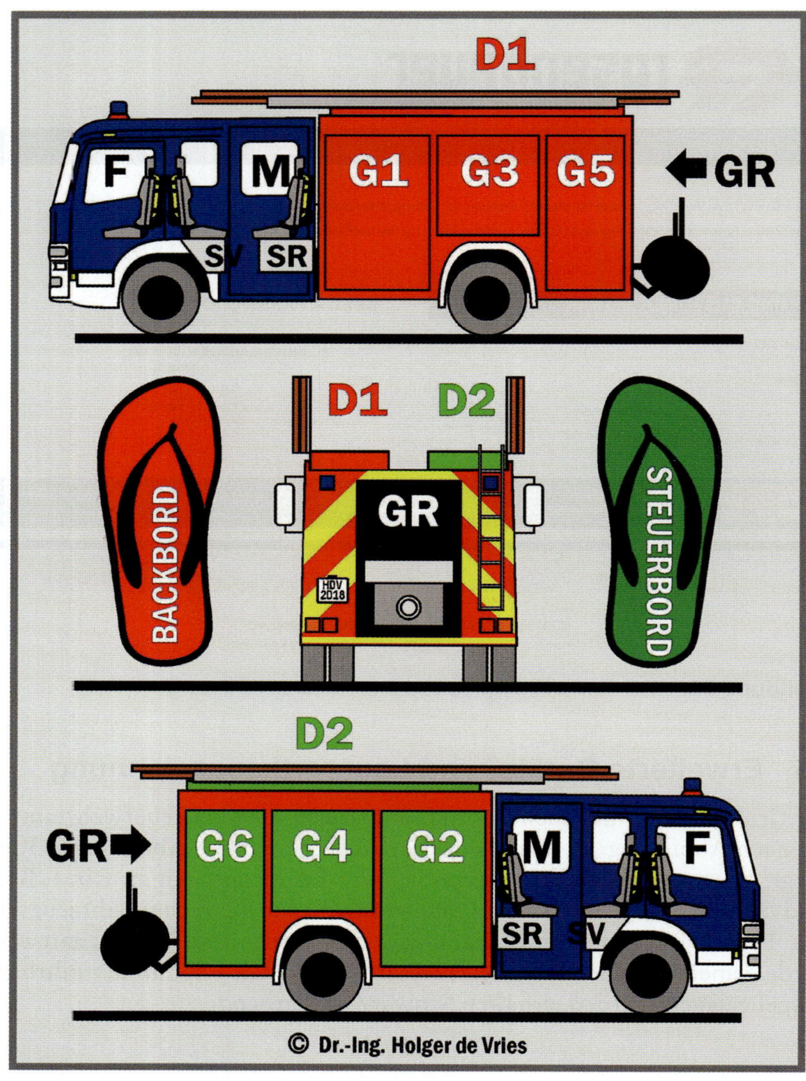

Abbildung 33: Farbfestlegungen für zusätzliche Lagerortkennzeichnung

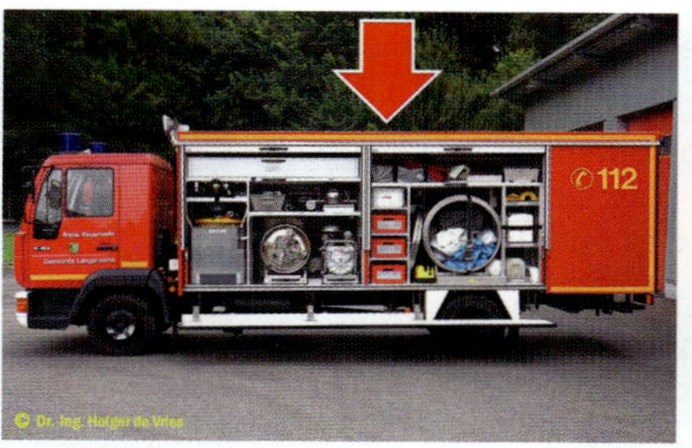

Abbildung 34: Teilweise farbkodierte Lagerboxen auf einem GW-G

2.6 Beispiel FF Hamburg-Stellingen HLF20

Mittlerweile ist der Druck von Aufklebern in wasserfester, industrieller Qualität mit handelsüblichen Druckern oder in kleiner Auflage mit entsprechenden Schnitten bei Druckereien problemlos möglich. Abbildung 35 zeigt derartige Bögen, die im Original die Größe DIN A4 haben. Die einzelnen Aufkleber haben eine Größe von 5 x 5 cm².

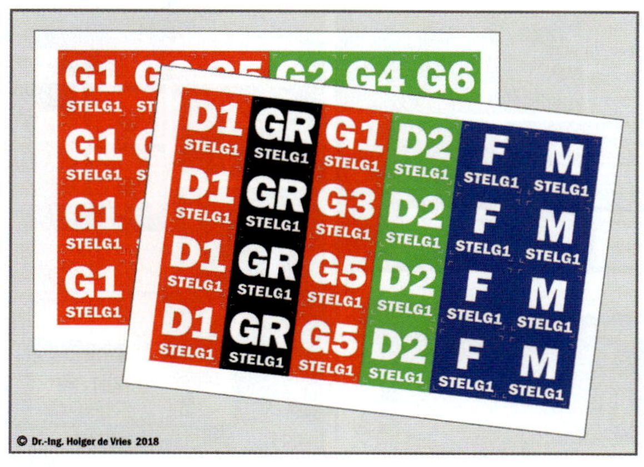

Abbildung 35: Aufkleberbögen für die erweiterte Geräte-/Lagerortkennzeichnung

F	Fahrerraum (serienmäßige Front mit Fahrer- und Beifahrersitz)	
M	Mannschaftsraum (egal ob serienmäßige Doppelkabine, angebaute Staffel- bzw. Gruppenkabine an eine Serienkabine oder in den Aufbau integriertes Kabinenteil)	
G 1, 3, 5 usw.	Von links vorn nach links hinten durchnummerierte Geräteräume.	
G 2, 4, 6 usw.	Von rechts vorn nach rechts hinten durchnummerierte Geräteräume.	
GR	Geräteraum auf der Rückseite am Fahrzeugheck und fahrbare Haspel	
D1, DK1, usw.	Dachbeladung links, ggf. noch ergänzt, für Dachkasten und ggf. durchnummeriert	
D2, DK2, usw.	Dachbeladung rechts, ggf. noch ergänzt, für Dachkasten und ggf. durchnummeriert	

Abbildung 36: Erweiterte Kennzeichnung auf der rechten Fahrzeugseite

Abbildung 37: Puzzle als unkonventionelles Ausbildungsmittel

2.7 Beispiel THL-Bereitstellungsplane FF Hooksiel

Nicht bei allen Fahrzeugen ist es möglich, die Ausrüstung vollständig nach einsatztaktischen Aspekten im Aufbau zu lagern. Dies hat seine Gründe v.a. in der Geräte- und Aufbaugeometrie sowie Massen der Geräte und der für sie erforderlichen Halterungen. Ein Technischer Hilfeleistungseinsatz (THL) mit z.B. einer Person in komplizierter Lage (PKL) wird sinnvollerweise wie ein „Einsatz mit Bereitstellung" durchgeführt. Dazu wird zwischen dem/den Einsatzfahrzeug/en und der tatsächlichen Einsatz-/Unfallstelle eine Gerätebereitstellung an der Grenze zur „inneren Zone" aufgebaut, ähnlich wie im Bereich des Verteilers beim Löschangriff. Um sicherzustellen, dass die erforderlichen (bzw. vorhandenen) Geräte vollständig und übersichtlich bereitgestellt werden, bietet es sich an, eine Plane mit den Gerätebezeichnungen und/oder deren Symbolen anzufertigen. Feuerwehrangehörige, die nicht direkt und unmittelbar Tätigkeiten am Objekt oder am Patienten ausüben (z.B. der „innere Retter"), halten sich nicht in der inneren Zone, sondern am Platz der Gerätebereitstellung auf, wie in Abbildung 38 vorbildlich gezeigt. Dies gilt auch für den/die Trupp/s, die den Brandschutz für den Einsatz sicherstellen, sofern nicht anders befohlen.

Abbildung 38: Vorbildlich raumgeordnete Einsatzstelle ohne „Retterpulk“, aber mit Gerätebereitstellung (Quelle unten: Feuerwehr Hooksiel)

2.8 Modulbeladung – Rollcontainer

Für viele Feuerwehren sind Gitterboxen, Paletten zum Transport von Sondergeräten oder Rollcontainer im Europaletten-Maß von 1.200 x 800 Millimetern heute eine selbstverständliche Einrichtung, um die vielfältigen logistischen Aufgaben zu bewältigen. Neu erbaute Feuerwachen, Feuerwehrhäuser, Materiallager, Flurfördergeräte und Transportfahrzeuge sind zum Teil darauf abgestimmt. Viele Feuerwehren verwenden Lkw mit Ladebordwand, Kastenwagen mit Auffahrrampen oder Anhänger für den Transport an die Einsatzstelle. Was bei unzähligen Speditionen europaweit Standard ist, hat auch bei den Feuerwehren seine Verwendung gefunden.

Abbildung 39 zeigt beispielhaft einen Gerätewagen-Gefahrgut aus dem Jahr 1990 mit drei Rollcontainern. Diese Rollcontainer haben in diesem Fahrzeug immer einen festen Platz. Dies war für die damalige Zeit eine neue Form der Fahrzeugbeladung. Heute ist es auch üblich, Mehrzweckfahrzeuge in dieser Fahrzeugklasse hinten mit wechselnden Rollcontainern auszustat-

Abbildung 39: Gerätewagen GW-G(1) gehörten mit zu den ersten genormten Fahrzeugen, die über fahrbare Beladungsmodule verfügten.

ten, durch die diese z.B. bei Flächenlagen als „echte“ Einsatzfahrzeuge mit Kettensägen und Tauchpumpen verwendet werden können.

Bei der Modulbeladung sind verschiedene konzeptionelle Ansätze zu unterscheiden:

- Die Beladung ist „eigentlich permanent“ auf dem Trägerfahrzeug, Rollwagen dienen dazu, schwere, unhandliche Geräte bewegen zu können und am Ort des Bedarfs zu dislozieren (siehe Abbildung 39).
- Die „Stammbeladung“ ist festgelegt, kann aber im Einzelfall variiert werden, z.B. Beispiel: Dekon-P-Fahrzeuge zum Aufbau einer Dekontaminations-Stelle, kann aber entleert und zum Hochwassereinsatz anders ausgerüstet werden.
- Die Beladung besteht aus Grundmodulen, im Einsatzfall aber können Zusatz-/Austauschmodule geladen werden (oft daran zu erkennen, dass die Ladebordwand in der Remise heruntergelassen ist).

Je „modularer“ die Beladung, d.h. je mehr Beladung auf Rollcontainern untergebracht ist, die an verschiedenen Stellen im Aufbau stehen können, desto mehr muss dafür Sorge getragen werden, dass das Trägerfahrzeug verkehrssicher beladen wird und zwar hinsichtlich der zulässigen Gesamtmasse, der Achslasten und der Fahrzeugachsen – immerhin können Rollcontainer bis 1.000 kg Last tragen. Dies gilt auch für Wechselladerfahrzeuge, die Rollcontainer in ihren Abrollbehältern transportieren.

Die technische Entwicklung der heutigen „Logistikfahrzeuge“ der Feuerwehren spiegelt zum einen das breiter werdende Einsatzspektrum wieder und ist gleichzeitig der Versuch, diesem mit einen Minimum an Kraftfahrzeugen als Ausrüstungsträgern begegnen zu können: Schlauchwagen z.B. konnten nur einem Zweck dienen – der Wasserförderung über lange Wegstrecke. Das waren bei den meisten Fahrzeugen im Laufe ihrer Nutzungsdauer einfach zu wenige Einsätze.

Bis zum Jahr 1991 waren Schlauchwagen in den Größen SW 1000 mit Trupp- und SW 2000 mit Staffelkabine genormt. Daneben gab es im Katastrophenschutz SW 2000, erst mit Staffel- später mit Truppbesatzung, jeweils mit festem Ausbau. Darauf folgten Baulose mit Truppkabinen und Pritschen und Plane, die sich so bewährten, dass diese Ausführung ab 1991 in die Norm übernommen wurde [45]. Parallel dazu wurde die erste Generation der Dekon-P-Fahrzeuge in Dienst genommen. Diese haben ebenfalls einen Aufbau aus Pritsche und Plane und sind mit einer Ladebordwand ausgestattet. Auf diese Weise hat sich die Modulbeladung auf verschiedenen Wegen bei den Feuerwehren etabliert, so dass heute Schlauchwagen nicht mehr explizit genormt sind, sondern ihre Aufgabe von den erst seit 2005 genormten „Gerätewagen-Logistik" in den Größen GW-L1 und GW-L2 übernommen wird [46, 47]. Genormt sind ferner die Ausrüstungsmodule „Wasserversorgung" und „Gefahrgut", letzteres jedoch in einer eigenen Norm (DIN 14800-19:2016-05). Es handelt sich dabei um eine reduzierte Beladung im Vergleich zur Beladungstabelle (Tabelle 1) des GW-G nach DIN 14555-12:2015-04. Dieser Gerätesatz Gefahrgut ist somit keinem bestimmten Feuerwehrfahrzeugtyp mehr fest zugeordnet. Der Transport von Gefahrgutausrüstung kleineren Umfangs und somit die Aufgaben des ehemaligen Gerätewagens Gefahrgut GW-G1, können durch GW-L1 und GW-L2 nach DIN 14555 Teil 21 bzw. 22 bei Verwendung dieses Gerätesatzes Gefahrgut (GG) übernommen werden. In diesem Zusammenhang wird auf den Gerätewagen Gefahrgut GW-G nach DIN 14555-12:2015-04, 6.1 bis 6.4, sowie die Festlegungen in DIN 14555-12:2015-04, Anhänge A bis C, hingewiesen.

Die Möglichkeit des Mitführens von Zusatzbeladungssätzen auf Wunsch des Bestellers wurde aufgenommen. Zur technischen Ausführung der Rollcontainer, die die Ausrüstung dieser Fahrzeuge tragen, gibt es eine entsprechende Fachempfehlung [48]. Um insbesondere den GW-L2 unabhängig von der variablen Beladung immer und uneingeschränkt einsetzen zu können, ist eine Basisausrüstung vorgesehen, die in einem Geräteaufbau zwischen der Mannschaftskabine und der Pritsche lagert. Dabei ist die Grundbeladung sehr gering gehalten, um Kosten und Gewicht zu sparen. Durch Zusatzbeladungen kann das Fahrzeug den unterschiedlichen Aufgaben individuell angepasst werden. Beispiele von Zusatzbeladungen sind in der Norm aufgeführt. Somit kann das Fahrzeug einerseits auch ohne Beladung auf der Pritsche für selbstständige Arbeiten verwendet werden und ergänzt andererseits die Beladung auf der Pritsche bei bestimmten Anwendungen des Fahrzeugs. Somit können Ausrüstungsteile nicht „vergessen" werden, und die Entnahme häufig benötigter Ausrüstung ist schnell und sicher gewährleistet. Diese Lösung hatte sich bei den bisherigen Schlauchwagen des Bundes sehr bewährt, und der Preis für den zusätzlichen Gerätekasten ist im Verhältnis zum Nutzen und der gewonnenen Sicherheit bei der Entnahme der Geräte als sehr gering anzusehen.

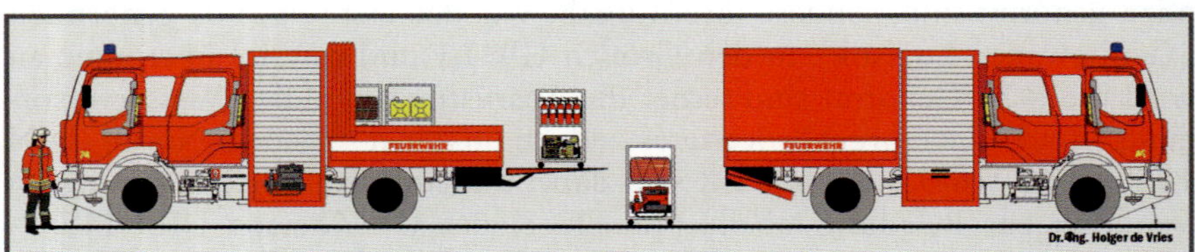

Abbildung 40: Prinzipskizze des Aufbaus und der Beladung des GW-L 2 mit Gerätekoffer

Abbildung 41: GW-L der FF Anklam mit Beladungsmodulen

2.9 „Mischfahrzeuge" – GW-Lösch, LF-Logistik

Abbildung 42: Bilderrätsel (Quelle: Vogt AG)

Bilderrätsel: Was für einen Fahrzeugtyp stellte Vogt auf diesem und den folgenden Bildern in Abbildung 43 vor? Rüstwagen? GW-L? GW-G? Nein – ein „Hilfeleistungsfahrzeug" auf MB Atego 1230 (4x4) – quasi die schweizerische Antwort auf die „GW-Lösch" bzw. „LF-Logistik" aus dem Hause Schlingmann, allerdings etwas kompakter (7,15 x 2,4 x 2,93 m³). Das Fahrzeug mit Truppkabine ist mit einer FPN 10-1000 und 800 L Wasser ausgestattet. Das Pumpenbedienfeld befindet sich rechts mittig in G2. Der GR fasst 4 Modulwagen, die über die Ladebordwand (1.500 kg) entnommen werden können. Diese Fahrzeugkonzeption ist quasi die „Hardtop"-Variante eines Gerätewagens Logistik.

Abbildung 43: „Hilfeleistungsfahrzeug" Stützpunktfeuerwehr Goms/CH

Abbildung 44: GW-Lösch der FF Cloppenburg

Abbildung 45: Geländelöschfahrzeug (GLF) der BF Wien

Von der Berufsfeuerwehr Wien werden zwei Unimogs mit einer ähnlichen Aufbaukonzeption eingesetzt. Abbildung 45 zeigt eins der zwei Geländelöschfahrzeuge der BF Wien (Bj. 2008) auf UNIMOG U5000 mit einer ZGM von 14,1 t bei 160 kW (218 PS, Bluetec 4) und vollsynchronisiertem 8-Gang-Getriebe mit elektropneumatischer Schaltung, die wahlweise eine manuelle oder automatische Schaltung ermöglicht (Hinterachs- oder Allradantrieb). Beide Portalachsen sind mit Differentialsperren ausgestattet, die Fahrzeuge haben eine Watfähigkeit von 1.100 mm und eine Steigfähigkeit von 100 %. Der Reifendruck kann vom Fahrerhaus aus verändert werden. Die Leitungen im Unterbodenbereich des Fahrgestells wurden hitzebeständig ummantelt. Auf Doppelkabinen wie bei den Vorgängerfahrzeugen [49] wurde bei den Neubeschaffungen verzichtet: Die Fahrzeuge werden im Verbund mit anderen Löschfahrzeugen, die in Wien mit einer Staffel besetzt sind, eingesetzt. Zu Gunsten anderer Beladung wurde auch der Löschmittelbehälter auf 600 L verkleinert und auf die Möglichkeit der fest eingebauten Zumischung verzichtet – die BF Wien kann neben Löschfahrzeugen in „üblicher" Größe auf fünf vierachsige GTLF zurückgreifen.

Ungewöhnlich der Einbauort der Pumpe: Die Rosenbauer-Pumpe vom Typ N10 mit ölhydraulischem Antrieb und einer Leistung bis zu 1.500 L/min bei 10 bar befindet sich mittschiffs auf der Fahrerseite zwischen den Achsen. Die Hydraulikpumpe für Betrieb von Feuerlöschkreiselpumpe und Seilwinde wird ihrerseits über den Nebenantrieb angetrieben. Dadurch wird auch „PUMP & ROLL" ermöglicht: Während der Fahrt kann Wasser abgegeben werden, was bei Wiesen- oder Bahndammbränden von Vorteil ist. Zu diesem Zweck ist ein Ausstieg vom Fahrerhaus zum zusätzlichen Pumpenbedienstand am Dach vorgesehen. Die GLF sind mit einer Rotzler-Winde Type Treibmatic TR030 mit einer Zugkraft von 50 kN nach vorne und 100 kN nach hinten ausgestattet, die so eingebaut ist, dass nach vorne und nach hinten ohne Umlegen des Seiles gearbeitet werden kann. Die Winde kann bei eingelegtem Gang sowohl für die Bergung anderer verunfallter Fahrzeuge als auch für die Selbstbergung eingesetzt werden. Zur elektrischen Versorgung am Einsatzort verfügen die Fahrzeuge über einen sogenannten „Dynawattgenerator", der eine elektrische Dauerleistung von etwa 4 kVA (bei 230 V) sicherstellt.

Beim Konzept der Beladung ging man bei der BF Wien von einer Kombination einer ständigen Beladung und modularen Beladungsmöglichkeiten aus, was sich auch in der Konstruktion und Aufteilung des Aufbaus, der Ähnlichkeiten zu dem eines GW-L2 aufweist, widerspiegelt: Im vorderen Teil des Aufbaus befinden sich die ständig mitgeführte Beladung für die Brandbekämpfung (inkl. zwei Pressluftatmer) und technischer Hilfe. Hier ist auch der 600 L fassende Löschwasserbehälter zur optimalen Gewichtsverteilung in der Fahrzeugmitte angeordnet.

In den Heckladeraum (blau gestrichelt in Abbildung 45) können entweder die beiden vorhandenen Ausrüstungsmodule mit einem entsprechenden Ladungssicherungssystem oder einzelne Gegenstände oder Paletten verlastet werden. Als Standardbeladung ist rechts im Heck ein Saugstellenmodul mit einer Tragkraftspritze inklusive Saugstellenausrüstung und links ein Schlauchmodul mit etwa 400 m doppelt gerolltem B-Schlauch, der während der Fahrt verlegbar ist, vorhanden. Mit dem Saugstellenmodul, dem Schlauchmodul und der eigenen Fahrzeugpumpe können die Fahrzeuge auch einen Beitrag zur Wasserförderung über längere Wegstrecken leisten. Das Ladungssicherungssystem ist mit im Boden eingelassenen Befestigungsschienen, Sperrstangen und Gurten ausgestattet. Da der Heckraum mit einem Rolladen verschlossen ist, kann Heckbeladung mit Staplern durchgeführt werden.

Die Fahrzeuge verfügen über eine Rückfahrkamera und der Heckladeraum ist für den Fall des Personentransportes direkt mit der Fahrerkabine visuell und akustisch (direkte Sprechverbindung) verbunden. Dies ist erforderlich, um im Einsatzfall verletzte Personen mittels einer Rettungswanne im Heckladeraum zu transportieren. Diese Rettungswanne kann über eine zusätzliche seitliche Öffnung in den Heckladeraum eingebracht werden, in dem sich auch zwei Notsitze für Arzt und/oder Sanitäter befinden.

Auch ohne festeingebaute Pumpe kann der unten abgebildete GW-L2 der FF Agatharied mit seinen beiden verlasteten IBC-Behältern die Aufgaben eines Löschfahrzeugs durch die Tragkraftspritze im G2 und die Wasserentnahme mittels B-Stutzen zwischen Kabine und Gerätekoffer erfüllen. Dieses bereits 2002 in Dienst gestellte Fahrzeug hat eine Gruppenkabine mit Atemschutzgeräten und ein Allrad-Fahrgestell mit Single-Bereifung.

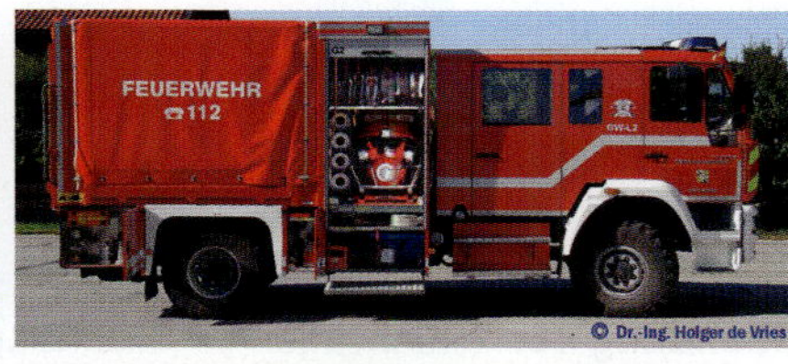

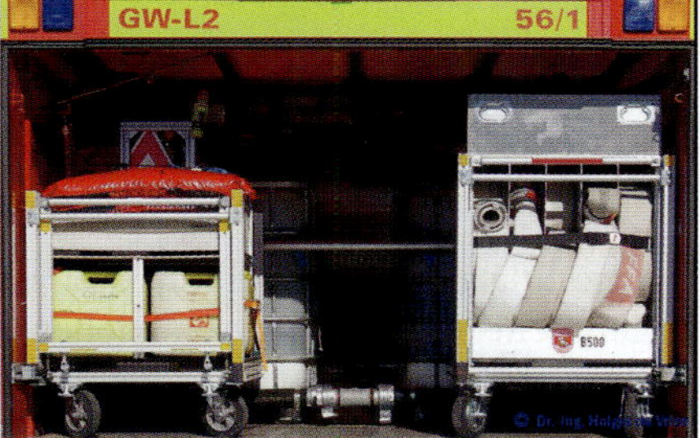

3 Rüst- und Gerätewagen

Bis in die 1990er-Jahre wurden Rüstwagen für kommunale Feuerwehren üblicherweise „konventionell“ gebaut, d.h. mit Einzellagerung der Geräte in Geräteräumen mit Rolladen (3 oder 5 Geräteräume beim RW1, 7 Geräteräume beim RW2). Ausnahmen waren z.B. die RW-Schiene der BF Frankfurt, Bonn und Genf mit Ladebordwänden am Heck. Seit den 1990er-Jahren sind für RW und GW-G auch Mischbauweisen nach Abbildung 46 vermehrt üblich.

Abbildung 46: Rüstwagen in „Mischbauweise“ – rechts und links konventionell, am Heck RGR mit Ladebordwand

3.1 Beispiel Ölwehrfahrzeug des Kantons Aargau bei der Stützpunktfeuerwehr Aarau

Je „modularer“ die Beladung, d.h. je mehr Beladung auf Rollcontainern untergebracht ist, die an verschiedenen Stellen im Aufbau stehen können, desto mehr muss dafür Sorge getragen werden, dass das Trägerfahrzeug verkehrssicher beladen wird und zwar hinsichtlich der zulässigen Gesamtmasse, der Achslasten und der Fahrzeugachsen.

Abbildung 47: Ölwehrfahrzeug des Kantons Aargau bei der Stützpunktfeuerwehr Aarau [50]

Das nachfolgende Beispiel in einer auffälligen Farbkombination aus in RAL 1023 Verkehrsgelb für den Kofferaufbau und RAL 3000 Feuerrot für die Scania-CP16-Tageskabine zeigt ein Ölwehrfahrzeug, das von der Fa. Feumotech AG aufgebaut wurde. Die drei roten Wellen auf dem Aufbau sind eine Remineszenz an das Wappen des Kantons Aargau, das auf der anderen Hälfte drei Sterne zeigt [51]. Das Dach des Kofferaufbaus ist begehbar ausgeführt, bis auf einen fernbedienbaren Klapp-Lichtmast und C-Saugschläuchen ist keine Dachbeladung vorgesehen. Zwischen den Achsen sind auf beiden Seiten tiefgezogene Geräteräume angeordnet. Auf der linken und rechten Fahrzeugseite ist Material für den ersten schnellen Zugriff gelagert, ohne die Ladebordwand benutzen zu müssen. Auf der rechten Fahrzeugseite befindet sich auch das Bedienfeld für den Stromerzeuger GEKO 20 kVA, der u. A. in die Schnellangriffkabelrolle mit 50 m Pur-Kabel, 5 x 2,5 (Kupplung CEE16-5; Verteilerbox mit 3 m Anschlusskabel) einspeisen und den elektrischen Klapp-Lichtmast „Roof“ auf dem Fahrzeugdach versorgen kann. Dieser wird pneumatisch angetrieben und ist mit jeweils zwei Flutlichtscheinwerfern 230 V zu je 1500 W sowie LED 24 Volt ausgestattet. Im Heck zwischen dem Grundrahmen und der Ladefläche gibt es auch eine auszieh- und abklappbare Aufstiegstreppe. Insgesamt werden im Koffer ein Gabelhubwagen und sieben Rollcontainer mitgeführt (siehe Abbildung 48).

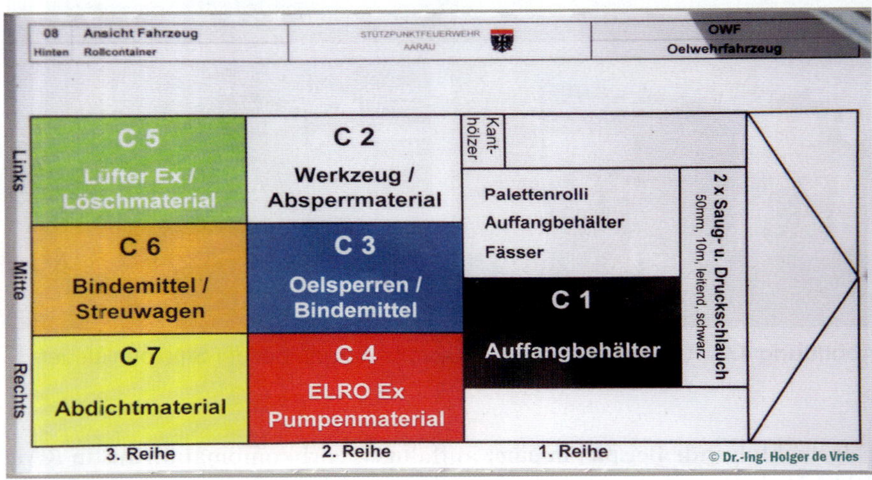

Abbildung 48: Übersicht Beladeplan des Aufbaus (Anordnung der Rollcontainer) und Farbcodierung der Rollcontainer und der Geräte

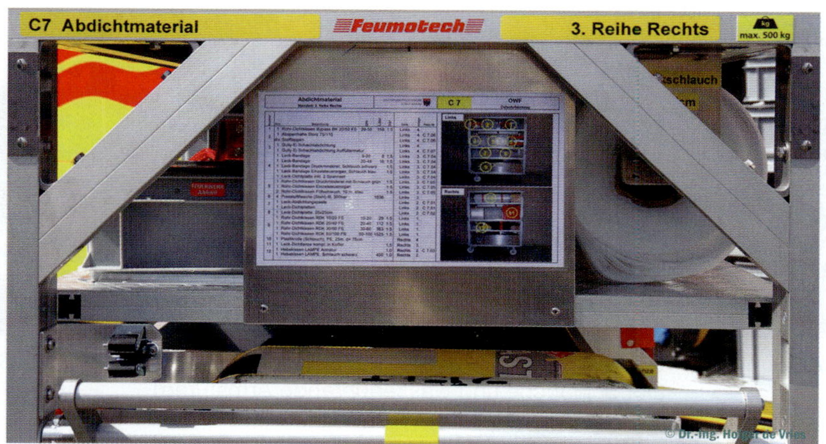

Abbildung 49: Beladeplan eines einzelnen Rollcontainers

Die Rollcontainer mit einer Tragkraft von 500 kg (Abmessung: L 1200 mm B 750 mm H 1600 mm) verfügen über Rädersätze mit zwei feststellbaren Lenk- und zwei Bockrollen. Auch sie bestehen aus miteinander verschraubten Aluminium-Spezialprofilen verschiedener Querschnitte mit zwei verstellbaren Böden und Halterungen für feuerwehrtechnisches Material. Diese Rollcontainer sind von allen Seiten zugänglich. Die Rollcontainer sind mit einer Sicherheitsbremse (Totmannbremse) ausgerüstet, zum Verschieben muss der Schwenkhebel betätigt werden. Die Rollcontainer und ihre Beladung sind von den Gerätewarten farbkodiert worden, so dass eine gegenseitige Zuordnung jederzeit möglich ist. Neben einer Beladeliste gibt es auf jedem Rollcontainer ein Bild, auf dem zu erkennen ist, wie die Geräte für den Transport gelagert sein sollen (siehe Abbildung 49).

3.2 Rüst- und Gerätesätze sowie Ladungssicherung

Ein „Rüstsatz" kann beschrieben werden als eine (vorbestimmte) Auswahl an Geräten und Zubehör (z.B. Material zur Ladungssicherung), mit denen ein Fahrzeug (auch zivil bzw. handelsüblich) bestückt werden kann, um bestimmten und/oder erweiterten Einsatzzwecken zu dienen.

Abbildung 50: Unimog mit Rüstsatz „Vegetationsbrandbekämpfung" (IBC, TS 2/5, Schläuche und wasserführende Armaturen)

Einfache Beispiele wären die Nutzung von Pritschenfahrzeugen als Schlauchwagen oder mit Wasserblasen als Hilfs-TLF. Im militärischen Bereich werden z.B. auch komplette Werkstatteinrichtungen für Fahrzeuge mit Pritsche/Plane oder Kofferaufbau verwendet, um Fahrzeuge zur (Feld-) Instandsetzung ohne Sonderaufbauten darstellen zu können. Der Begriff Rüstsatz wird üblicherweise mit der durch ihn erzeugten (erweiterten) Funktionalität des Fahrzeugs, nicht mit dem nur reinen Transport der Geräte verknüpft.

Damit ein Rüstsatz seine Funktion im Einsatzfall sicher erfüllen kann, müssen einige Voraussetzung erfüllt sein:

- Das Trägerfahrzeug muss geeignet sein (Nutzlast, Achslasten, Gewichtsverteilung).
- Die Verlastung und Verwendung des Rüstsatzes muss den Regeln der Technik entsprechen und erprobt sein.
- Die Geräteauswahl des Rüstsatzes („Packliste"), seine Konfiguration („Zusammenbauanleitung") und seine Ladungssicherung müssen dokumentiert sein.
- Der Rüstsatz ist zusammen mit seinem Material zur Ladungssicherung zu lagern.
- Das Aus- und Abrüsten ist regelmäßig zu üben.

Abbildung 51: Lkw mit Rüstsatz „Wassertransportblase"

Abbildung 52: Geländegängiges Mehrzweckfahrzeug für die Tierrettung, Wasserrettung und Vegetationsbrandbekämpfung. Der Löschwasserbehälter mit 1.500 L Wasser und die Pumpe können abgesetzt [52] und durch andere Behälter ersetzt werden.

Auch hier empfehlen sich laminierte Listen mit Bildern oder Zeichnungen, Farbkodierungen der Ausrüstung und (Kopien der) Gebrauchs- und Reparaturanleitungen der einzelnen Geräte des Rüstsatzes.

Ladungssicherung ist ein Sondergebiet, in dem Maschinisten der Feuerwehr üblicherweise nicht ausgebildet werden. Hierzu werden jedoch entsprechende Literatur [z.B. 53] und zivile Lehrgänge angeboten.

Der Aspekt der Ladungssicherung trägt in besonderem Maße, wenn Personal und Material in einem Aufbau und räumlich nicht vollständig voneinander getrennt untergebracht sind, wie z.B: beim Zweiwege-Interventionsfahrzeug für die Rhätische Bahn auf MAN TGM 13.250 (4x4; mit Automatikgetriebe, 3.250 mm Radstand) [54]. Verwendet wurde das MAN-C-Fahrerhaus, ergänzt um einen durchgängigen Kofferaufbau mit Hebebühne (2.000 kg), im vorderen Teil mit sieben Atemschutzplätzen und Dreipunktgurten sowie Modulbeladung hinten [55].

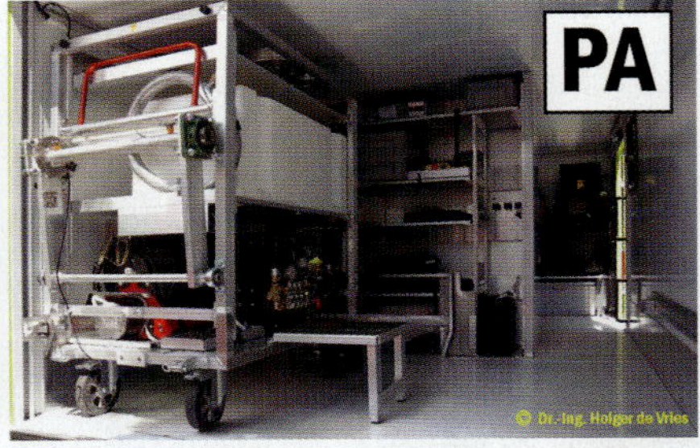

Abbildung 53: Zweiwege-Interventionsfahrzeug der Rhätischen Bahn mit serienmäßigem Fahrerhaus und durchgängigem Mannschafts- und Gerätekoffer mit sieben Atemschutzsitzen

Grundsätzlich genügen Feuerwehrfahrzeuge durch die Gestaltung ihrer Aufbauten und der speziellen Halterungen für die Geräte (Formschluss) den Anforderungen an die Ladungssicherung. Manchmal sind aber im Laufe der Nutzungsdauer eine technische Anpassung, z.B. durch zusätzliche Bleche und Gurte oder die Lagerung an einem anderen Ort erforderlich, wie die nachfolgenden Abbildungen zeigen. Es ist daher auch von Vorteil, wenn in regelmäßigen Abständen eine Person „von außen“ auf die eigenen Fahrzeuge schaut, denn nichts hält länger als ein Provisorium und einige Sachen „sieht“ man selber irgendwann gar nicht mehr.

Abbildung 54: Die Zusatzbeladung an D-Schläuchen ist zu begrüßen, in der Schublade sollten sie mindestens mit einem Schlauch(trage)-gurt versehen werden.

Abbildung 55: Pallholz und Stützwinkel für hydraulische Rettungsgeräte lose im Gerätefach; die Griffe der Schaummittelbehälter sollten nach außen weisen

Abbildung 56: Ungesicherte Pressluftflasche

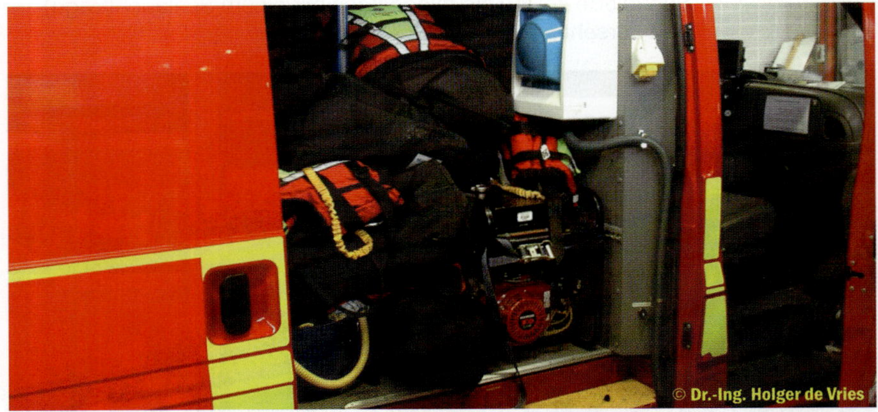

Abbildung 57: Davon ausgehend, dass es bei einem Wassernotfall besonders schnell gehen muss und nach Eintreffen noch umfangreiche Schutzausrüstung angelegt werden muss – auch im Dunkeln – sind vier schwarze Rucksäcke als Haufen im Geräteraum wenig zielführend.

Abbildung 58: Der Auftraggeber, der Aufbauhersteller oder beide haben den Aufbau und die Beladung nicht korrekt aufeinander abgestimmt.

4 Helmlagerung, Fahrzeug- und Personalhygiene

Das Helm-Paradoxon: Seit fast 200 Jahren gibt es Feuerwehren, von Anfang an trugen sie spezielle Hüte, Kappen oder Helme, seit 1935 ist die Anzahl der Feuerwehrangehörigen pro Fahrzeug nicht nur bekannt, sondern genormt und bis 1995 sogar die Form, Größe und Masse der Helme. Zeitgleich wurden geschlossene Mannschaftkabinen eingeführt, so dass Helme nicht wegen möglicher Witterungseinflüsse getragen werden müssen. Sonderrechtsfahrten machen sicherlich weniger als 10 % der Laufleistung eines Fahrzeugs aus. – Also warum gibt es immer noch keine Helmlagerungen in allen Feuerwehrwehrzeugen? In Rettungsdienstfahrzeugen ist dies doch auch möglich.

Abbildung 59: Helmlagerung – Beispiele aus dem europäischen Ausland

Aufgrund der aktuellen Diskussion um die Kontaminationsverschleppung durch verschmutzte Einsatzkleidung in die Kabinen der Fahrzeuge und in die Wachen sowie durch das Inhalationsrisiko von aus der Schutzkleidung ausgasenden Schadstoffen während des Rückmarsches zum Standort, ist zu erwarten, dass zukünftig Verfahren eingeführt werden, durch die die betroffenen Einsatzkräfte (bei dem meisten Einsätzen wird es sich um einem oder zwei Trupps handeln) sich an der Einsatzstelle reinigen können und ihre Bekleidung tauschen können, und/oder dass in den Gerätekoffern Raum für den Transport der verschmutzten Bekleidung geschaffen werden muss. Dies sollte bereits bei der Gestaltung und Beschaffung von Fahrzeugen berücksichtigt werden.

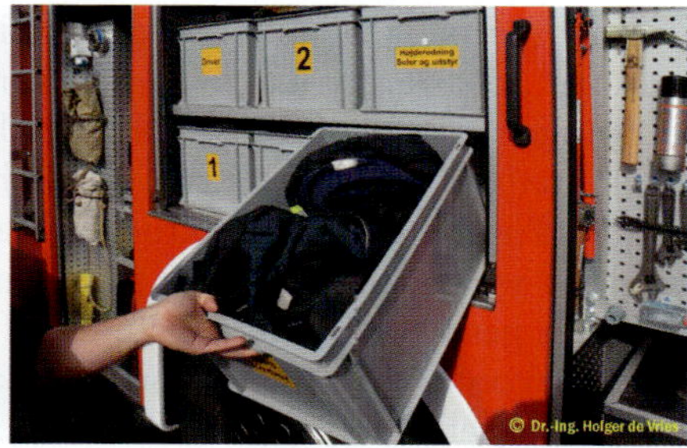

Abbildung 60: Lagerung der Einsatzbekleidung im Aufbau, dies belegt den gesamten G4

5 Die „edding"-Statistik

Der Aufwand für die Fahrzeug- und Geräteausbildung steigt mit der Anzahl der Typen an Geräten. Er ist somit bereits bei der Beschaffung beeinflussbar. Ein befreundeter Branddirektor stellte schon vor längerer Zeit folgende These auf: „Das wichtigste Gerät fehlt auf jedem Fahrzeug: Ein „edding". Und mit dem wird jedes Gerät bei jeder Benutzung markiert. Was nach einem Jahr keine Markierung hat, fliegt runter. Dann haben wir auch kein Problem mehr mit den Fahrzeuggrößen und -gewichten". Ein Ansatz, über den nachzudenken sich lohnt.

Während in Deutschland zur Zeit wieder einmal alle Fahrzeugnormungsdämme brechen [56] und nun durch die Hintertüren der letzten „Typenreduzierung", der verunglückten Anpassung der Fahrzeugpumpen und der Auswirkungen von EURO5/6 schlussendlich das erreicht wurde, was vor über 20 Jahren offiziell scheiterte, nämlich das LF 24 zu normen [57] (mit zu kleiner Pumpe und dem aktuellen Tarnnamen „HLF20" [58]), werden in England weiterhin kompakte und – im Unterschied zu Deutschland – ergonomisch gestaltete Fahrzeuge beschafft. Aktuell betrifft dies in dieser Bauform Devon & Somerset, North Yorkshire (dort heißen sie TRV = Tactical Response Vehicle [59]), Kent und Warwickshire (siehe Abbildung 61). Dieses Fahrzeug mag als Anregung dienen, sich wieder auf das Wesentliche zu besinnen:

Abbildung 61: LRP Warwickshire, ohne und mit Beladung

Die Besatzung und Beladung – nach eingehender Auswertung von Einsätzen und dem tatsächlich benötigten Material – entsprechen weitgehend einem TLF 16/25-TH mit Lichtmast und Schiebleiter, also genau dem, was deutsche Feuerwehren eigentlich auch gerne hätten. Verwendet wird die serienmäßige Staffelkabine (Wie viele FA stehen beim Tagesalarm zur Verfügung?) auf IVECO 100E21-E6, der Ausbau erfolgte durch Emergency One UK unter Verwendung eines standardisierten Kunststoffaufbaus (in Deutschland nicht zulässig – warum?) mit integrierten Löschmittelbehältern für 1.400 L Wasser und 50 L Schaummittel (Achtung Gerätewarte: Nicht einfach irgendwo bohren!), 7 Geräteräumen mit Leiterschräge und selbstverständlich ohne Dachbeladung. Der Ausbau ist zweckmäßig und schnörkellos, es gibt keine 100 kg schweren Schwenkwände, auf denen 3 Warndreiecke und eine Schaufel untergebracht sind. Bei dieser Fahrzeugklasse „spielen“ die Engländer auch nicht mit einer FP1000 wie in den deutschen MLF/LF10 herum, sondern verwenden eine FP2000 von Godiva mit Pumpenvormischer (vgl. Abbildung 7). Ein tragbarer Stromerzeuger wird nicht mitgeführt und ist im Jahre 2018 auch nicht mehr erforderlich: Bei Ausnutzung der LED-Technik reicht eine Lichtmaschine zur Ausleuchtung in Stadionqualität aus (siehe auch das ehemalige LF 16-TS [MB LAF 1113 B; Bj. 1985] der FF Hooksiel auf http://www.feuerwehr-hooksiel.net/lf16.html). Ein Hydraulikaggregat entfällt ebenfalls, da Schere und Spreizer von Lukas akkubetrieben sind. Diskussionswürdig ist sicherlich die Ausstattung mit Atemschutz: Man hat sich gegen die Sitzkonfiguration 2/2/2 entscheiden, die aus Platzgründen die einzige Möglichkeit gewesen wäre, 2 PA in der Kabine unterzubringen. Stattdessen lagern nur 2 PA in Geräteraum G3, die daher erst an der Einsatzstelle angelegt werden können. Selbstverständlich ist das Fahrzeug mit einem Datenterminal ausgestattet, die Benutzung von Sprechfunk (TMO bzw. 4-m-Band) ist die Ausnahme. Und das Fahrzeug hat keinen Allradantrieb, aber: Wenn die Feuerwehren auf fast ständig durch Hügel verlaufenden kurvigen und schmalen englischen Nebenstraßen mit Straßenantrieb klarkommen, sollte das in Deutschland auch kein Problem darstellen.

Abbildung 62: LRV Oxfordshire

Oxfordshire Fire and Rescue Service (24 Standorte, davon 4 ständig besetzt, 3 tagsüber fest besetzt und nachts „on call“, der Rest „on call“) folgt mit seinen „Light Response Vehicles“ (LRV) dem „ecoPumper“-Entwurf von JDC John Dennis Coachbuilders auf Fahrgestellen vom Typ Mitsubishi Fuso Canter 7C18D 4x2 mit 129 kW bei 3.500 U/min und einer zgM von 7,49 t. Während Devon & Somerset FRS sich nach Erprobung eines Prototyps gegen Fahrzeuge auf Fuso Canter mit serienmäßiger Doppelkabine entschieden hat, ist hier die Mannschaftskabine in den Aufbau integriert, um zumindest den dort mitfahrenden Einsatzkräften eine adäquate Unterbringung zu bieten (siehe Abbildung 62).

6 Zur Methodik der Fahrzeug- und Gerätekundeausbildung

6.1 Grundsätzliches

Der Großteil der Ausbildung in den Feuerwehren wird von den Gruppenführern geleistet. Leider ist der Anteil, der die Methodik der Ausbildung vermitteln soll, im Stundenplan des Gruppenführerlehrgang recht gering. Sicherlich gibt es Situationen, in denen ein Gruppenführer kurzfristig einspringen muss und aus dem Stand zu einem Thema ausbilden muss. Es darf von einem Gruppenführer allerdings auch erwarten werden, dass er zu „Standardthemen“ wie Löschangriff mit C-Rohren von einem LF aus, Vornahme von Steck- oder Schiebleiter, Knotenkunde, Verkehrsabsicherung usw. aus dem Stand eine praktische Ausbildungseinheit „zaubern“ kann, denn dies alles sind Situationen, in denen er im Alarmfalle führen müsste. Komplexere Themen sollten grundsätzlich vorbereitet sein.

Der Leser möge sich bitte Abbildung 63 oben und unten vergleichend anschauen. Die Bilder sind im Abstand einiger Monate aufgenommen worden. Es geht jeweils um die Feuerwehr-Grundausbildung.

Im oberen Bild tragen die Ausbilder (weiße Helme) die gleiche Schutzkleidung wie die Anwärter (gelbe Helme). Ein Ausbilder und ein Fahrzeug kommen auf drei Anwärter. Da ein Ausbilder hier gleichzeitig die Funktion von Fahrzeugführer und Maschinist wahrnimmt, kommt man auf eine Fahrzeugbesatzung von 5 FA, also dem, was tagsüber bei BF oder FF ein Löschfahrzeug besetzt. Ausbilder und Anwärter sind nicht verbeamtet, sondern Angestellte.

Im unteren Bild ist das Ausbildungs-(!)-Löschfahrzeug im Jahr 201x immer noch mit einer tragbaren C-Haspel ausgestattet. Der Ausbilder (pensionsberechtigt) trägt leichtere Bekleidung als die Anwärter, ihm ist kalt, dafür gibt es ja Hosentaschen. Helm? Mütze? Seine Körperspannung ist selbst auf dem Bild deutlich zu spüren. Ausgebildet wird eine „Gruppe“, ein Fabelwesen, dem man manchmal bei Tagen der offenen Tür, Feuerwehrwettkämpfen und Leistungsabzeichen begegnet. Oder wie die Rolling Stones sagen würden: „You can’t always get what you want…“

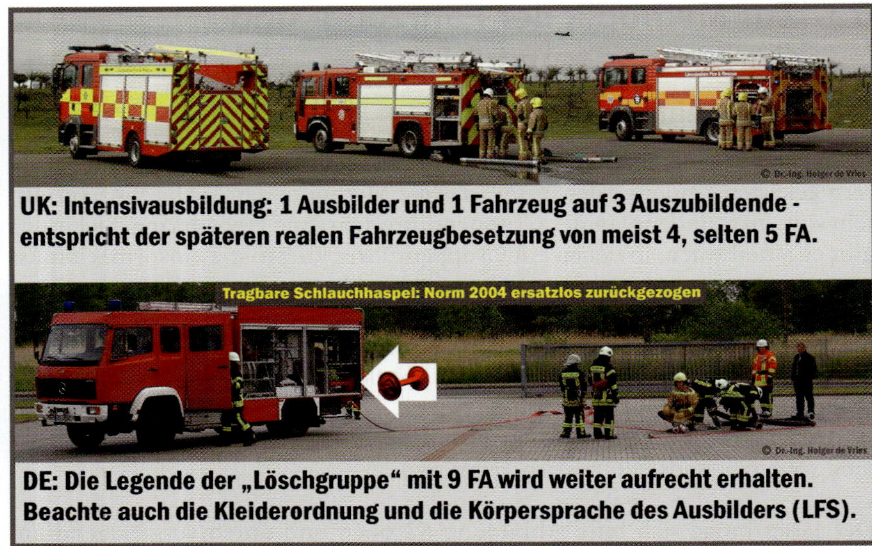

Abbildung 63: Verschiedene Faktoren bedingen die Qualität und das Ergebnis einer Ausbildungseinheit.

6.2 Fahrzeug- und Fahrzeugkundeausbildung

Aus verschiedenen Gründen ist die Fahrzeugkundeausbildung immer mehr zu einer didaktischen Herausforderung geworden. Dafür gibt es mehrere Gründe:

- Anzahl und Typen der feuerwehrtechnischen Ausstattung der Fahrzeuge haben sich in den letzten 30 Jahren (im Vergleich zur gleich langen Periode von 1950 bis 1980) überproportional vervielfacht. Es gibt selbst in den kleinsten Fahrzeugklassen (KLF, TSF, TSF-W) kaum noch Fahrzeuge, die nicht über einen Stromerzeuger, Beleuchtungsgerät und/oder Schere/Spreizer usw. verfügen.

- Beladelisten bzw. Beladepläne werden von den Feuerwehren weitgehend „individualisiert“, sodass selbst simple Merksätze wie „B-Schläuche auf der Beifahrerseite“ oft keine Gültigkeit mehr haben. Einige Feuerwehren gehen so weit, auf einer Seite nur Geräte zur Brandbekämpfung, auf der anderen Seite nur Geräte zur technischen Hilfeleistung zu lagern (vermutlich in Deutschland zum ersten Mal bei den HLF 16 der BF Frankfurt/Main und beim HiLF 16 der BF Wilhelmshaven Anfang der 1970er-Jahre realisiert).
- Aufgrund langer Ersatzbeschaffungszyklen (für Löschfahrzeuge bei Freiwilligen Feuerwehren zwischen 15 und 25 und mehr Jahren) und der fast schon zwanghaften Individualisierung von einsatztaktisch eigentlich als „gleich“ zu bewertender Fahrzeuge einzelner Standorte selbst ein und derselben Gemeinde bzw. Stadt kann – bis auf wenige Ausnahmen von tatsächlich standardisierten Fahrzeugen großer Städte – üblicherweise nicht auf einen Fundus geeigneter Ausbildungsunterlagen zurückgegriffen werden.
- Auch aufgrund der vorgenannten Beschaffungszyklen, die ein Mehrfaches der Normungszyklen betragen, können sich die Beladelisten/-pläne bzw. -plätze „gleich benannter“ Fahrzeuge aber unterschiedlicher Baujahre erheblich unterscheiden.

In dem sich immer weiter verdichtenden rechtlichen Rahmen der Sicherheitstechnik – der in gleichem Maße für hauptberufliches wie ehrenamtliches Personal gilt – ist die Fahrzeugkunde ein Baustein zur Erfüllung der „Unterweisungspflichten durch den Arbeitsgeber“ bzw. Dienstherrn. Dies mag sehr formal klingen, bedeutet aber eigentlich etwas ganz einfaches: Derjenige – bezahlt oder unbezahlt –, von dem erwartet wird, mit einem technischen Gerät etwas zu tun, hat ein Recht darauf, an diesem technischen Gerät hinsichtlich dessen Leistungsfähigkeit und der mit seiner Benutzung einhergehenden Risiken und Gefährdungen vernünftig ausgebildet zu werden.

Methodisch gesehen erfordert die Fahrzeugkunde zudem einen Spagat zwischen theoretischer und praktischer Ausbildung:

- Die rein praktische Ausbildung, bestehend aus „Sightseeing“ der Beladung, ggf. deren Entnahme und Inbetriebnahme Geräteraum für Geräteraum, wird nur bei mehrmaliger Wiederholung einen nachhaltigen Erinnerungseffekt erzielen. Bei jüngeren Feuerwehrkameraden konnte zudem bei „Wiederholungen“ eine im Lauf der letzten 20 Jahre niedriger werdende Toleranzschwelle beobachtet werden (von „wie langweilig“ bis hin zu „Soll das etwa Drill werden?“). Wird eine gesamte Fahrzeugbeladung während eines Übungstermins „abgearbeitet“, stellt sich durch die Flut der Informationen eine objektive Überforderung der Auszubildenden ein.
- Die rein theoretische Ausbildung, schlimmstenfalls per „Powerpoint-Blitzlichtgewitter“ mit Abbildungen des Fahrzeugs und seiner Beladung oder abstrakten „Apps“, ermöglicht kein motorisches Lernen oder „Be-Greifen“ am Objekt.

Erforderlich ist also eine mehrstufige Kombination aus theoretischen und praktischen Ausbildungstechniken, die einen durchgehenden roten Faden hat.

Im Folgenden wird eine Kombination aus „theoretischer“ (nach Feuerwehrdefinition: „Man sitzt und muss zuhören.“) und „praktischer“ Ausbildung („Man muss was machen.“) für die Fahrzeug- und Gerätekunde beschrieben.

6.3 Ausführungsbeispiel am LF

Die erprobte und hier dargestellte Variante findet zwar in der Fahrzeughalle statt, jedoch wird an mindestens einer Fahrzeugseite so viel Platz geschaffen, dass Tische, Bänke, ein Tisch für den Ausbilder und ein Overheadprojektor gestellt werden können. Die Arbeit am Overheadprojektor erlaubt eine „dichtere“ Interaktion mit den Auszubildenden als die Verwendung von Powerpoint mit Beamer. Die Ausbildung beginnt klassisch mit einer Einführung, Motivation, Begründung der Notwendigkeit, Klärung des Sachverhalts und der Formulierung und Abgrenzung des Ausbildungsziels. Die Geräteräume des betreffenden Fahrzeugs sind verschlossen.

Die Auszubildenden erhalten einen Fragebogen zu technisch-taktischen Daten des Fahrzeugs sowie seiner Beladung (siehe Abbildung 64). Klassische Fragen sind: Beladung, Gesamtmasse, FP L/min, Löschwasserbehälter, Schaummittel, tragbare Leitern usw. Während der Bearbeitung des Fragebogens wird üblicherweise die Illusion à la „Ach, im Einsatzfall finden wir das schon alles“ entlarvt. Der Fragebogen wird aber nicht eingesammelt oder bewertet, sondern dient der späteren Eigenkontrolle der Auszubildenden. Anders als beim „Beladungs-Sightseeing“ ist es auf diese Weise eben nicht möglich, sich nun den Lagerort der Übergangsstücke zu merken, die einem zufällig auf der Suche nach den Ersatzketten begegnen.

In der nächsten Phase werden die in den Fragebögen fixierten Erinnerungsfragmente bei immer noch geschlossenen Geräteräumen gemeinsam mit dem Ausbilder zusammengesetzt. Dazu hat der Ausbilder eine entsprechende leere Ansicht des Fahrzeugs auf Overheadfolie, die er sukzessive selber ausfüllt oder durch einen zweiten Ausbilder ausfüllen lässt (siehe Abbildung 65). Die Auszubildenden haben einen identischen Arbeitsbogen in Papierform, den sie selber ausfüllen.

Dies wird sinnvollerweise zunächst nur für eine Fahrzeugseite durchgeführt. Je nach Kenntnisstand der Auszubildenden bzw. nach Umfang der Beladung des jeweiligen Fahrzeugs muss der Ausbilder Tempo und Umfang anpassen.

FAHRZEUG- UND GERÄTEKUNDE	hdv903101
ÜBUNGSBOGEN	
Dieser Übungsbogen dient nur der Überprüfung des eigenen Wissens. Er wird nicht eingesammelt oder bewertet.	
Wie heißt das Fahrzeug? Was bedeutet die Abkürzung? Wieviele Feuerwehrleute bilden die Besatzung? Welche Pumpe(n) hat das Fahrzeug? Hat es einen Wassertank, wenn ja mit wieviel Litern Inhalt? Welche Leiter(n) hat es?	
ZUR BELADUNG: (WAS IST WO GELAGERT?)	
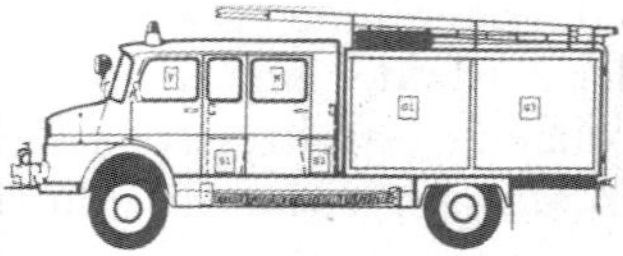 LINKE FAHRZEUGSEITE:	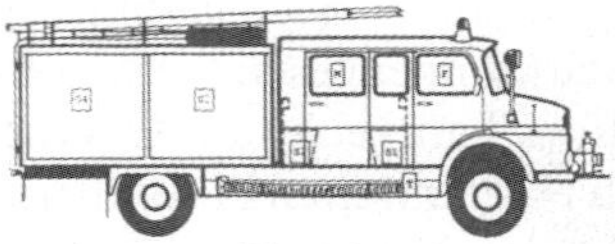 RECHTE FAHRZEUGSEITE:
IM HECK:	IM MANNSCHAFTS-/FAHRERRAUM:

Abbildung 64: Fragebogen zur Fahrzeugkunde

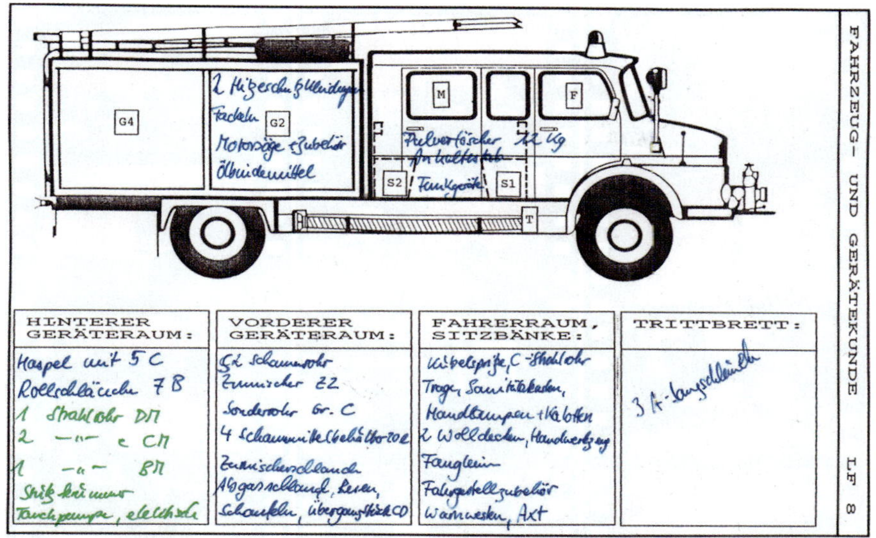

Abbildung 65: Overheadfolie bzw. Arbeitsbogen zur Fahrzeugkunde

Um die Stofffülle nicht zu groß werden zu lassen, wird vorgeschlagen, Geräteraum für Geräteraum vorzugehen. So können gegebenenfalls Wiederholungen und Pausen besser eingebaut werden, als wenn eine komplette Fahrzeugseite en bloc behandelt wird. Der betreffende Geräteraum wird geöffnet, der Ausbilder lässt Auszubildende die Geräte entnehmen und idealerweise sich gegenseitig erläutern. Dabei erfolgt auch ein Abgleich der tatsächlich vorhandenen Beladung mit den auf den Fragebogen bzw. am Overheadprojektor dokumentierten Lösungsvorschlägen der Auszubildenden. Nach Abschluss des jeweiligen Abschnitts wird die Musterlösung gezeigt und in Papierform ausgeteilt. Zum Vergleich kann auch gerne z.B. Abbildung 2 eingespielt werden, verbunden mit der Frage: Was hat sich verändert und warum? („learning by difference").

Abbildung 66: Durchführung einer Fahrzeug- und Gerätekundeausbildung

Es ist zu erkennen, dass nachhaltige Fahrzeugkundeausbildung eine intensive Vorbereitung erfordert. Waren früher jedoch kaum detaillierte Fahrzeug- und Geräteinformationen zu bekommen (und wenn, dann fast nur auf dem Postwege), so hat sich dies durch das Internet radikal geändert. Technische Informationen sind zu fast allem und überall in kürzester Zeit recherchierbar.

Für die grafische Ausgestaltung gibt es verschiedene vektorbasierte kommerzielle oder freie Clip-Art-Bibliotheken [61; 62]. Die Führung der Feuerwehr Lippersdorf (Erzgebirge) hat sich dieser sogar schon in der Planungsphase ihres neuen Löschfahrzeugs bedient. So konnten schon vor Beginn der Ausschreibung und auch während der Konstruktionsphase des Fahrzeugs Ausstattungs- und Beladungsdetails anschaulich dargestellt und Varianten „virtuell ausprobiert" werden (siehe Abbildung 68). Der Endstand der Ausstattung und Beladung wurde wiederum durch die Feuerwehr dargestellt, weitere Abbildungen finden sich auf www.feuerwehr-lippersdorf.eu/auto.htm.

Abbildung 67: StLF 10/6 der FF Lippersdorf, beachte die Kontur- und Warnmarkierung gem. ECE [63] (Quelle: Thomas Böhme)

Abbildung 68: Konstruktionszeichnung des StLF 10/6 der FF Lippersdorf und abgeleiteter Beladeplan (Quelle: FF Lippersdorf)

Abbildung 69: Beladung der rechten Fahrzeugseite des StLF 10/6 der FF Lippersdorf (Quelle: FF Lippersdorf)

Das erstmalige „Anlegen" der Dateien eines Fahrzeugs und seiner Beladung erfordert sicherlich einen gewissen Arbeitsaufwand. Ist dieser Schritt jedoch erst einmal getan, dann sind laufende Anpassungen mit minimalem Aufwand zu bewerkstelligen. Je nach Größe und Organisationsgrad der Feuerwehr wären auch EDV-Schnittstellen zur Materialbeschaffung und zur Logistik denkbar. Für die Unterstützung des Fahrzeugwechsels zu den neuen HLF der Berufsfeuerwehr Hamburg (2010/2011) an 17 Wachen mit jeweils drei Wachabteilungen sowie der LFS wurde beispielsweise ein „interaktiver Beladeplan" im Intranet der Feuerwehr Hamburg bereitgestellt.

7 Literatur und Quellen

1 Gihl, Manfred: Die Geschichte des deutschen Feuerwehrfahrzeugbaus: Band 1 und 2, Kohlhammer, Stuttgart, 2000

2 Cimolino, U.; Zawadke, Th.; de Vries, H.; Kögler, H.; Lang, O.; Ruckerbauer, J.: Einsatzfahrzeuge für Feuerwehr und Rettungsdienst – Technik, ecomed, Landsberg, 2005

3 Cimolino, U.; Zawadke, Th.; Kögler, H.: Einsatzfahrzeuge für Feuerwehr und Rettungsdienst – Typen, ecomed, Landsberg, 2006

4 Schnell, Walter: Die Dreiteilung des Löschangriffs: Ein Leitfaden für die Ausbildung des Einheitsfeuerwehrmannes und die praktische Führung freiwilliger Feuerwehren auf der Brandstelle; Verlag von Eduard Binder, Celle 1935

5 Nach der vorliegenden und nachfolgend aufgeführten Quellenlage kann die historische Person Walter Schnell (06.01.1895–07.05.1967) nicht unbelastet als engagierter Feuerwehroffizier betrachtet werden. Daher wird sein Name nicht im Text genannt. Eifriger noch als den Dreiteiligen Löschangriff zu propagieren, sorgte er in seinem Wirkungsbereich als Führer des Provinzialfeuerwehrverbandes der Provinz Hannover (entspricht in etwa Niedersachsen ohne ehem. Großherzogtum Oldenburg/Regierungsbezirk Weser-Ems und ohne ehem. Herzogtümer/Länder Braunschweig und Schaumburg-Lippe) und ab 1938 als Leiter des Amtes Freiwillige Feuerwehr im Hauptamt der Ordnungspolizei mit Weisungen und Anordnungen für die antidemokratische Politisierung und (Para-)Militarisierung insbesondere der Freiwilligen Feuerwehren, auch als Teil einer aktiven Kriegsvorbereitung. Davon distanziert sich der Verfasser ausdrücklich.

6 Polizei-Dienstvorschrift (PDV) 23, Ausbildungsvorschrift für den Feuerwehrdienst; 1939–1945

7 Kreicker, Dietmar: 112 Jahre einer norddeutschen Feuerwehr: Geschichte des Löschwesens in Bremen-Schönebeck; Hrsg. Förderverein der Freiwilligen Feuerwehr Bremen-Schönebeck e.V.; Verlag Klaus Kellner; 28. September 2013

8 Linhardt, Andreas: Feuerwehr im Luftschutz 1926-1945; Books on Demand; 4. Juli 2002

9 Polnik, Axel: Die Bayreuther Feuerwehren im Dritten Reich: Der Brandschutz in der Gauhauptstadt Bayreuth. Eine zeitgenössische Darstellung; Books on Demand; 17. Juni 2011

10 Engelsing, Tobias: Im Verein mit dem Feuer – Die Sozialgeschichte der Freiwilligen Feuerwehr von 1830 bis 1950; Faude Verlag Konstanz; 1990

11 vfdb (Hrsg.): Biografisches Handbuch zur Deutschen Feuerwehrgeschichte; vfdb Referat 11 Brandschutzgeschichte, Dr. Daniel Leupold; 1. Auflage, Köln 2014

12 vfdb (Hrsg.): Zwischen Gleichschaltung und Bombenkrieg; vfdb Referat 11 Brandschutzgeschichte, 2. Auflage, Köln 2013

13 Fritz: Ausbildungsvorschrift für die Feuerwehr: AVF 1: Gruppe und Staffel, Köln, Deutscher Gemeindeverlag, 1963

14 Heimberg und Fuchs: Die Ausbildung der Feuerwehren, Theimann (Hrsg), Berlin, 1948

15 Österr. Bundesfeuerwehrverband (ÖBFV): Ausbildungsvorschrift für die Löschgruppe, die Tanklöschgruppe, den Tanklöschtrupp und den Löschzug; Wien 1998; Die Löschgrup-

pe hat 1/8/9 FA, die Tanklöschgruppe hat 1/6/7 FA (deutsche Staffel zzgl. Melder), der Tanklöschtrupp hat 1/2/3 FA. Der Löschzug in Österreich setzt sich zusammen aus einem Zugskommandanten, einem Zugtrupp (1/2/3) und zwei Gruppen zu je 1/8/9. Wesentliche Unterschiede zur FwDV 3/4/5 bestehen nicht.

16 Die Grundübungen der Gruppe; Fachbücherei Brandschutz Heft 1; Staatsverlag der DDR, Berlin 1970.

17 Ministerium des Innern [der DDR] – Hauptabteilung Feuerwehr (Hrsg.): Schulungsmaterial Die Taktische Einheit zur Brandbekämpfung, Schulungsmaterial für die Aus- und Weiterbildung der Angehörigen der Feuerwehren; Berlin (Ost) 1981; (Verfasser: Ladewig, P.; Weß, G.; Naumann, H.; Datow, E.; Füssel, J.)

18 Götteritz, Heinz-Dieter et. al..: Grundübungen der Feuerwehr Übungsvorschrift; Staatsverlag der DDR; Berlin; 1987

19 de Vries, H.: Taktische Einheit zur Brandbekämpfung – ein Diskussionsvorschlag, in: FFZ- Feuerwehr Fachzeitschrift, 2003, Nr. 12, Dezember, pp. 741–746

20 TLF mit 1/3/4 und LF mit 1/6/7 besetzt. Während sowohl die west- wie die ostdeutschen TLF 15/TLF 16 etwa ab den 1950er Jahren eine Staffelkabine für eine Besatzungsstärke von 1/5/6 hatten, war für die TLF der Feuerwehren der DDR nur eine Sollbesatzung von 1/3/4 vorgesehen (vgl. GRUNDÜBUNGEN, 1987; KUNGER 1990). Eine Staffel i.S.d. FwDV 3 hat es in der DDR nie gegeben.

21 Cimolino, U.; de Vries, H.: Standardeinsatzregel (SER) – Die Staffel bzw. Gruppe im Einsatz von Löschgeräten, ecomed, Landsberg, 2005

22 Cimolino, U.; de Vries, H.: Standardeinsatzregel (SER) – Der Zug im Einsatz von Löschgeräten, ecomed, Landsberg, 2005

23 Im Jahr 2005 haben sich die Bezeichnungen der Normenausschüsse wieder verändert. Heute sind es der NA 031-04-06 AA für Allgemeine Anforderungen an Feuerwehrfahrzeuge – Löschfahrzeuge – SpA zu CEN/TC 192/WG 3, der NA 031-04-07 für Sonstige Fahrzeuge und der NA 031-04-08 AA für Hubrettungsfahrzeuge – SpA zu CEN/TC 192/WG 4.

24 Autorenkollektiv: Fahrzeuge der Feuerwehr – Einsatzvarianten; Staatsverlag der DDR; Berlin

25 Home Office: The Fire service Drill Book; pp. 70 ff; 3rd Ed.; London; HMSO; 1942

26 House, Alan: Wheels of Fire – Fire Engines of the Auxiliary Fire Service and the National Fire Service"; Selbstverlag; Broschur; ISBN 978-0-9561199-1-9; 600 Seiten; ca. 140 Seiten Text, ca. 900 Bilder; Format DIN A 4; (s/w); http://www.hantsfire.gov.uk/memorabilia; http://www.thefirebrigadesociety.co.uk/salesunit.html

27 Blackstone, Geoffrey Vaughan: A history of the British Fire Service; Routledge & Kegan Paul; First Edition (1957); ASIN: B0000CJSLU

28 Henderson, Ron: The Auxiliary Fire Service (Famous Fleets Vol. Ten); Nostalgia Road Publications; Kendal, Cumbria/UK; 2006

29 de Vries, H.: Die ‚Mobile Fire Column' des Auxiliary Fire Service, brandschutz, Kohlhammer Verlag, Stuttgart; 2008; 1; Januar; pp. 51–59

30 Parallel zu diesen organisatorischen Maßnahmen legte die Regierung in London mehrere Beschaffungsprogramme für Lösch- und Sonderfahrzeuge (also den brit. Gegenstücken zur KzS, LLG, GLG usw.) auf – zu erkennen v.a. daran, dass sie in mattem Grau lackiert und

mit Tarnbeleuchtung ausgestattet waren. Die Gestaltung der Fahrzeuge (Mannschaftskabine, Aufbau etc.) unterschied sich ebenfalls erheblich von der kommunaler Fahrzeuge der 1930-er Jahre: Das Grundprinzip bestand aus der Verwendung eines serienmäßiger Fahrgestells mit Fahrerkabine, einem meist nach hinten offenen Modul für 3 bis 4 Feuerwehrleute und einem sehr einfachen feuerwehrtechnischen Aufbau mit Löschwasserbehälter und einer tragbaren oder fest montierten Pumpe mit eigenem Antrieb. Gerade letzteres wurde schon seinerzeit kritisiert, weil es im Vergleich zur Verwendung von z.B. Vorbaupumpen zur Verschwendung von Verbrennungskraftmaschinen führte (eine für das Fahrgestell, eine für die Pumpe). Anders als in Deutschland wurden die britischen Feuerwehren hinsichtlich einheitlicher Organisation und Ausrüstung weitgehend unvorbereitet dem zweiten Weltkrieg ausgesetzt. Zwar gab es im Jahre 1937 den Air Raids Precautions Act, der ab 1938 zur Aufstellung von Hilfsfeuerwehren neben den kommunalen Feuerwehren führte. Bis 1939 war der Personalstand immerhin auf zusammen rund 100.000 Feuerwehrangehörige angewachsen. Vom 18. August 1941 bis zum Jahr 1948 wurden der Auxiliary Fire Service und 1.526 kommunale und lokale Feuerwehren zum National Fire Service mit Ausweisung entsprechender geographischer Zuständigkeitsbereiche und starker Anbindung an den britischen Luftschutz zusammengefasst. Wenngleich die Nationalisierung spät kam, so war sie einheitlicher als in Deutschland. Parallel zu diesen organisatorischen Maßnahmen legte die Regierung in London mehrere Beschaffungsprogramme für Lösch- und Sonderfahrzeuge (also den brit. Gegenstücken zur KzS, LLG, GLG usw.) auf – zu erkennen v.a. daran, dass sie in mattem Grau lackiert und mit Tarnbeleuchtung ausgestattet waren. Die Gestaltung der Fahrzeuge (Mannschaftskabine, Aufbau, etc.) unterschied sich ebenfalls erheblich von der kommunaler Fahrzeuge der 1930-er Jahre: Das Grundprinzip bestand aus der Verwendung eines serienmäßiger Fahrgestells mit Fahrerkabine, einem meist nach hinten offenen Modul für 3 bis 4 Feuerwehrleute und einem sehr einfachen feuerwehrtechnischen Aufbau mit Löschwasserbehälter und einer tragbaren oder fest montierten Pumpe mit eigenem Antrieb. Gerade letzteres wurde schon seinerzeit kritisiert, weil es im Vergleich zur Verwendung von z.B. Vorbaupumpen zur Verschwendung von Verbrennungskraftmaschinen führte (eine für das Fahrgestell, eine für die Pumpe).

31 de Vries, H.: Zeit zum Umdenken [Pumpenkonfiguration], Feuerwehr-UB; Huss Medien; Berlin; 06; Juni; 2015; pp. 82–85

32 de Vries, H.: Einsatz von D-Leitungen – Ausbildung und Praxis, ecomed, Landsberg, 2016

33 de Vries, H.: Zur Situation des Vorbeugenden Brandschutzes in England, vfdb-Zeitschrift, 1995, Nr. 1, pp. 22–26; nachgedruckt in: Brandschutz, 1995, Nr. 8, pp. 561–566

34 de Vries, H.: Das Feuerwehrwesen in Großbritannien – Eine Bestandsaufnahme; brandschutz, Kohlhammer Verlag, Stuttgart; 2015; 6; Juni; pp. 24–30

35 de Vries, H.: Das Feuerwehrwesen in Großbritannien – Update 2017; brandschutz, Kohlhammer Verlag, Stuttgart; 2017; 4; April; pp. 42–49

36 de Vries, H.: Britische Schaum-Logistik; Feuerwehr-UB; Huss Medien; Berlin; 7/8; Juli/August; 2015; pp. 50–53

37 de Vries, H.; Sträng, D.; Schmiedel, R.: Schutzzielerfüllung in Schweden – Ein Beitrag zur Diskussion in Deutschland (gekürzte Fassung), brandschutz, Kohlhammer Verlag, Stuttgart; 2006; 12; Dezember; pp. 880–889

38 Sommer 2018: Noch in Überarbeitung

39 DIN EN 14943:2005: Transportdienstleistungen – Logistik – Glossar; Deutsche Fassung

40 Beachte auch das Schwerschaumrohr vom Typ Chubb FB 5X. Es handelt sich dabei um ein sog. selbstansaugendes Schaumrohr, d.h. Zumischer und Schaumrohr bilden eine Einheit, es kann auch mit W-SM-G versorgt werden. Dieses sehr handliche Schaumrohr hat einen Volumenstrom von 230 L/min bei 5,5 bar, ermöglicht eine Zumischung von 3% oder 6%, nach Herstellerangaben und eigenen Messungen werden 2.270 L/min (entsprechend etwa VZ 10) Schaum erzeugt. Brit. Standardfahrzeuge führen üblicherweise nur ein oder zwei tragbare Schaummittelbehälter und ein selbstansaugendes Schaumrohr mit, für alles größere wird die Schaum-Kavallerie gerufen.

41 Es ist zwar sehr schön, dass alle Schaummittelkanister gelb sein müssen und es für diese sogar eine eigene Feuerwehrnorm gibt, die 1937 sicherlich sinnvoll war. Praktischer ist es jedoch, die Schaummittelkanister farblich so zu kennzeichnen, dass man eine Information über ihren Inhalt bekommt. Nachdem sich die Feuerwehren mittlerweile selbst für ihre Werkzeugkästen an den Industriestandards für professionelle Logistiksysteme (Gitterboxen, Paletten, etc. nach EURO-Maßen) gewöhnt haben, ist es nur logisch, auch bei den Schaummittelkanistern langfristig auf die teurere gelbe Feuerwehr-Insellösung zu verzichten und industrieübliche Gebinde zu verwenden (wie alle anderen Feuerwehren auf dieser Welt).

42 de Vries, H.: Einsatz von Schaummitteln – Auswahl und Logistik, ecomed, Landsberg, 2017

43 Feuerwehr-Dienstvorschrift 100: Führung und Leitung im Einsatz – Führungssystem; Beschlossene Fassung des AFKzV – 10.03.1999

44 Bundesgerichtshof Az. III ZR 54/17; 14. Juni 2018

45 de Vries, Weich, Freynik, Graeger, Cimolino: Wasserförderung über lange Wegstrecke – Taktik und Technik, ecomed Verlag, Landsberg 2004

46 DIN 14555-21:2013-05 Rüstwagen und Gerätewagen – Teil 21: Gerätewagen Logistik GW-L1

47 DIN 14555-22:2013-05 Rüstwagen und Gerätewagen – Teil 22: Gerätewagen Logistik GW-L2

48 Fachempfehlung des Fachausschusses Technik der deutschen Feuerwehren (DFV und agbf Bund): Richtlinie für die Konstruktion und Verwendung von nicht kraftbetriebenen Rollcontainern im Feuerwehrbereich; Fachempfehlung Nr. 2 vom 30. Juli 2014, ersetzt Fassung vom 1. Juli 2005; www.feuerwehrverband.de/fileadmin/Dateien/Fachthemen/FB_Technik/DFV-Fachempfehlung_Rollcontainer_2014.pdf

49 Bei den Vorgängermodellen handelte es sich um zwei Mercedes-Benz UNIMOG U 1100L Type 416.117 mit Doppelkabine und einer ZGM von 7 t bei 92 kW (125 PS), die 1.050 L Wasser und 100 L Schaummittel mitführten. Die Einbaupumpe war mit einem Pumpenvormischer ausgerüstet.

50 Fahrgestell Scania P 360CB 4X4 HHZ mit einem Radstand von 4.100 mm und Allradantrieb bei einer Gesamtmasse von 18 t, 360 PS Euro-5-Common-Rail-Diesel mit 13 Litern Hubraum, Allison-Automatikgetriebe vom Typ GA 866 R mit Retarder und Wählhebel an der Lenksäule.

51 Der Kanton Aargau mit etwa 650.000 Einwohnern auf 1.400 km² und 213 Gemeinden liegt zentral im Norden der Schweiz, grenzt im Norden an den Rhein, im Osten an den Kanton Zürich, im Süden an die Kantone Luzern und Zug, und im Westen an die Kantone Bern, Solothurn und Basel-Landschaft. Stationiert ist das Fahrzeug bei der Stützpunktfeuerwehr Aarau, dem Hauptort des Aargau mit rund 21.000 Einwohnern.

52 Drei Fahrzeuge des Suffolk Fire and Rescue Service (stationiert in Ipswich, Bury St Edmunds und Lowestoft) als Ersatz für dreißig Jahre alte Vorgängermodelle. Fahrgestell U423 mit 14 t zgM mit 170 kW (231 PS) Euro VI, Pritschenaufbau von John Dennis Coachbuilders of Guildford, Kran: Palfinger PK 9001-EH-Kran, Seilwinde: 6 t Bushey Hall. Tierrettungsaustattung permanent verlastet, Absetzbehälter Wasserrettung, Absetzbehälter Wassertank und Pumpe, Zugmaschine für RIBs auf Traíler.

53 Schlobohm, Wolfgang: Ladungssicherung – aber richtig! Teilnehmerheft; ecomed, Landsberg; 11. Auflage 2017

54 Das Streckennetz der Rhätischen Bahn (RhB) liegt überwiegend im Kanton Graubünden im Osten der Schweiz, ein kleiner Teil auch in Italien.

55 Die Sitzflächen der Atemschutzsitze klappen hoch, um flexibel bei Beladung und Benutzung des Fahrzeugs zu sein. Weitere Details: Solaris LED-Blaulichtbalken, Umfeldbeleuchtung Line-LED links und rechts am Fahrzeug, Arbeitsscheinwerfer LED im Heck, Rückfahrkamera, Variobloc-Anhängevorrichtung.

56 Thorns, Jochen: Änderungen bei den Löschfahrzeug-Normen; In: Brandschutz, 2017, 01, Januar

57 Gihl, Manfred: Geschichte des deutschen Feuerwehrfahrzeugbaus: Wie die Feuerwehren mobil sind, Verlag W. Kohlhammer, Stuttgart, 2000, p. 104

58 de Vries, Holger : Zeit zum Umdenken [Pumpenkonfiguration], Feuerwehr-UB; Huss Medien; Berlin; 06; 2015; pp. 82–85

59 New Approach to emergency response in North Yorkshire, In: Fire Times; Nov./Dec. 2016; pp. 12-13

60 Bayerischer Landes-Feuerwehr-Verband e.V.: Technische und Übungs-Vorschriften nebst Normen und Prüfungsvorschriften für Lösch-, Steig- und Rettungsgeräte für die Bayerischen Verbands-Feuerwehren in Stadt und Land; Dritte unveränderte Auflage; München 1928; Druck und Verlag bei der „Zeitung für Feuerlöschwesen“

61 z.B. als Zugabe auf: de Vries, H.: Ausbildungsfolien Brandbekämpfung mit Wasser und Schaum (CD-ROM), ecomed Landsberg, 2009

62 z.B.: http://www.einsatzfotos.de/

63 de Vries, H.: Heck-Ansichten – Oder: Ist ein halber Millimeter Reflexstreifen sicherer als ein 14-t-Fahrzeug?, 112-Magazin, Stumpf + Kossendey Verlagsgesellschaft mbH; Edewecht, 2008; 5/6, Mai/Juni, pp. 6–13